国家骨干院校重点建设专业校企合作教材

Luxian Gongcheng Jishu
路线工程技术

董亚辉　主编
许　云　主审

人民交通出版社

内 容 提 要

本书为国家骨干院校重点建设专业校企合作教材。主要内容包括路线工程认识、公路的选线与定线、平面线形测设、纵断面测设、路线横断面测设。

本书可作为高职高专道路桥梁工程技术专业、公路监理专业等交通土建类专业教材,也可作为继续教育和职业培训教材。

图书在版编目(CIP)数据

路线工程技术 / 董亚辉主编. —北京 : 人民交通出版社, 2014.7

国家骨干院校重点建设专业校企合作教材

ISBN 978-7-114-11344-4

Ⅰ. ①路… Ⅱ. ①董… Ⅲ. ①路线工程—工程技术—高等职业教育—教材 Ⅳ. ①U412.3

中国版本图书馆 CIP 数据核字(2014)第 065010 号

国家骨干院校重点建设专业校企合作教材

书　　名: 路线工程技术
著 作 者: 董亚辉
责任编辑: 尤晓玮
出版发行: 人民交通出版社
地　　址: (100011)北京市朝阳区安定门外外馆斜街 3 号
网　　址: http://www.ccpress.com.cn
销售电话: (010)59757973
总 经 销: 人民交通出版社发行部
经　　销: 各地新华书店
印　　刷: 北京市密东印刷有限公司
开　　本: 787×1092 1/16
印　　张: 9.75
字　　数: 240 千
版　　次: 2014 年 7 月 第 1 版
印　　次: 2014 年 7 月 第 1 次印刷
书　　号: ISBN 978-7-114-11344-4
定　　价: 28.00 元

序

2010年青海交通职业技术学院跻身于全国百所骨干高职院校行列，成为青藏高原和西北地区唯一一所交通运输类国家骨干高职院校，道路桥梁工程技术专业及专业群是中央财政重点支持建设的项目之一。

道路桥梁工程技术专业是青海省唯一培养公路桥梁大、中专学历层次的专业。经过了35年的发展，形成了具有高原特色鲜明的专业底蕴。近年来在“以就业为导向，以服务为宗旨，走产学研结合的发展道路”的办学方针指导下，结合行业和区域需求，突出职业教育的特点，积极探索校企合作培养模式，深化“校企合作、工学结合”的人才培养模式，形成符合“自然条件恶劣、地理条件复杂、工程建设艰难”特点的“知行合一、项目贯通、三合三段”的工学结合人才培养模式。

本套教材基于道路桥梁工程技术专业“知行合一、项目贯通、三合三段”的工学结合人才培养模式，在企业调研的基础上，吸收高职高专专业建设与课程体系开发的先进理念，结合现代教育技术，以“勘察设计、招标与投标、材料试验与应用、施工与组织、验收与评定”5个专业核心能力为目标，按照专业与产业和职业岗位对接、专业课程内容与职业标准对接、教学过程与生产过程对接、学历证书与职业资格证书对接、职业教育与终身学习对接的“五对接原则”，组织企业技术人员和学院教师共同编写，体现了学校教学和企业实践的有机统一，并严格贯彻最新的技术标准和行业规范，突出高原特色。编写过程中注重教学对象的认识能力和认知规律，采用图文结合的形式，力求直观明了，提高学生职业素养和职业能力，做到理论够用、重在实践。

本教材的主要特点有：

1. 从企业需求出发，重树教学目标

本教材是从企业的需要及学生职业发展出发，使学生通过专业学习，能够切实找到自己的职业发展方向或能更好地适应未来企业的用人需要。

2. 从人才培养的目标出发，重整教学内容

根据道路桥梁工程技术专业人才培养目标，与企业合作进行职业岗位分析，确定道路桥梁工程技术专业岗位和岗位群，根据行动体系重新构建学习领域，以工作过程为导向培养学生的知识和能力。

本教材在编写过程中参考了近5年来不同版本的相关教材和规范规程，在此谨向各位参考文献编写的专家们致以诚挚的谢意！

青海交通职业技术学院

国家骨干院校重点建设专业校企合作教材编审委员会

道路桥梁工程技术专业建设委员会

2012年12月

前　言

本教材“以就业为导向、以培养综合职业能力为本位、以岗位需要为依据、满足学生职业生涯发展需求”的指导思想，内容突出“职业性、实用性、适用性”，目的是能更好地适应“校企合作，工学结合”的人才培养模式。

本教材是以公路路线工程为主线，选取公路路线工程在勘察设计、施工放样阶段的各项典型工作为任务，完成与其对应的工作任务，实现职业能力的培养目标。本教材由5个项目组成，分别是项目一路线工程认知，项目二公路的选线与定线，项目三平面线形测设，项目四纵断面测设，项目五横断面测设。5个项目下共分成29个工作任务，分别对应路线工程工作中的典型任务。

在本教材编写的过程中，作者参考了许多同类高校教材及相关资料，按新的标准规范，结合各项目内容加入了有针对性的案例分析，力求做到理论和实践相结合，以帮助学生更好地掌握并应用相关知识。

本教材由青海交通职业技术学院董亚辉副教授担任主编，吴婧、张雪莲等教师和企业员工参加编写工作；青海交通职业技术学院许云副教授担任主审，对全书的编写提出了很多宝贵的修改意见，在此表示衷心的感谢。

由于编者水平有限，书中难免存在错误和疏漏之处，敬请广大读者批评指正。

编　者

2012年12月

目　录

项目一　路线工程认知

知识目标

1. 了解道路的定义、分类以及我国道路网的规划。
2. 掌握公路的定义、分类及分级。
3. 掌握公路的结构组成。
4. 掌握路线工程建设的依据、步骤与内容。

能力目标

1. 能准确描述路线工程。
2. 能准确描述路线工程分类、分级情况。
3. 能够根据拟建项目的条件,参照《公路工程技术标准》(JTG B01—2003),确定公路等级。
4. 能够准确描述道路设计依据的定义及作用。
5. 能够根据拟建公路的等级及所在地区的地形、气候等自然条件,参照《公路工程技术标准》(JTG B01—2003)和《公路路线设计规范》(JTG D20—2006)确定公路设计的技术指标。

任务一　认 识 公 路

道路是指供机动车(汽车、拖拉机等)、非机动车(兽力车、人力车、自行车等)和行人通行的各种带状工程构筑物的统称,包括公路、城市道路、工矿道路、林区道路及乡村道路等。

公路是指连接城市、乡村和工矿基地等,主要供汽车行驶,具备一定的技术和设施的道路。公路按其重要性和使用性质又可以分为:国家干线公路(简称高速公路、国道)、省干线道路(简称省道)、县乡公路。

城市道路是指在城市范围内,供车辆及行人通行的,具备一定技术条件和设施的道路。它除了把城市各部分联系起来,为城市提供各种交通服务外,还起着形成城市布局架构,为通风、采光、防火、绿化等提供场地的作用。

工矿道路是指主要为工厂、矿山运输车辆通行的道路。根据区域又可以分为厂内道路和厂外道路及露天矿山道路。

林区道路是指修建在林区,主要供各种林业运输工具通行的道路。

乡村道路是指修建在乡村、农场,主要供行人及各种农业运输工具通行的道路。

任务二　认识路线工程

公路是修建在地球表面供各种车辆行驶的一种带状的三维空间结构物,其中心线是一条空间曲线,其在三个特征平面上的线形如图 1-1 所示。

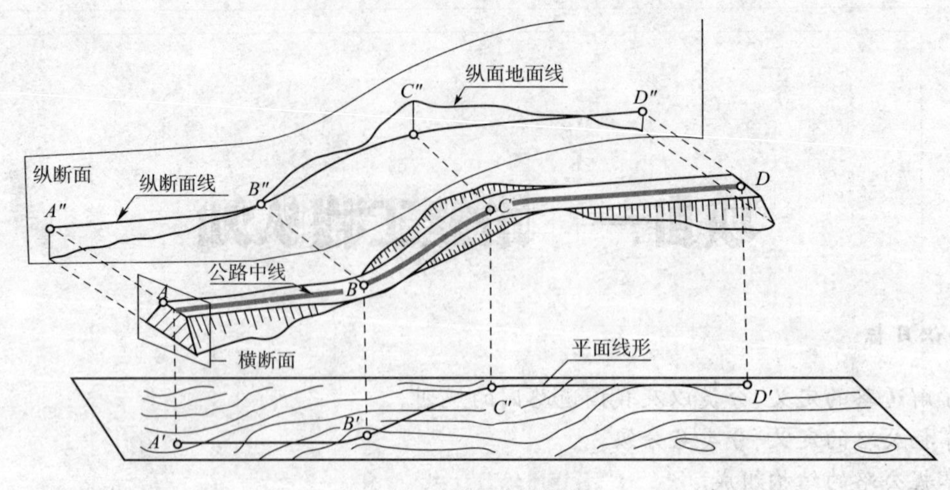

图 1-1　公路路线线形

一、公路的平面线形组成

中心线在水平面上的投影，称为公路路线的平面线形。平面线形必须与地形、地物、环境、景观等相协调，同时还应适应线形的连续性与均衡性，并与纵断面线形相互配合。公路平面线形由直线、圆曲线、缓和曲线三种基本要素组合而成，如图 1-2 所示。

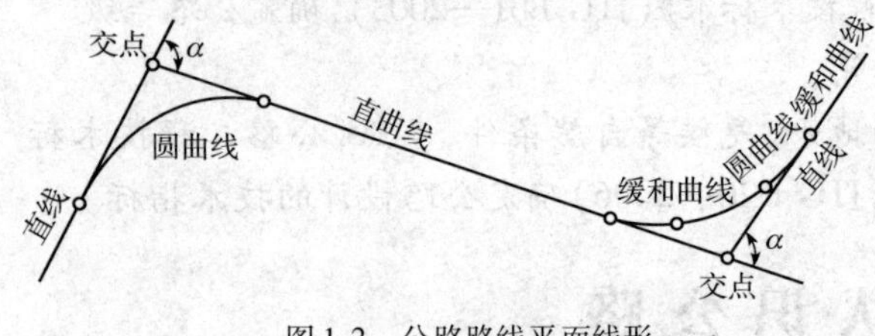

图 1-2　公路路线平面线形

平面上有曲折，纵面上有起伏。为了保证行车的安全、舒适和速度等要求，公路平面线形设计考虑受地形、地物等障碍的影响而发生转折时，在转折与起伏处就需要设置一定半径的曲线连接或组合的曲线，曲线一般为圆曲线。为保证行车的舒顺与安全，在直线与圆曲线之间或不同半径的两圆曲线之间要插入缓和曲线。因此，直线、圆曲线、缓和曲线是平面线形的三个基本要素，除此之外，为保证汽车在弯道上行驶的横向稳定性，需要设置超高和加宽。

(1)平面直线线形：公路平面线形的曲线与直线布设应在满足各项技术标准的前提下，重点考虑安全和美观问题。

(2)平面圆曲线线形：在一般传统的公路定线中，圆曲线是平面线形设计中在遇到障碍或地形需要改变方向时设置，在选线时定为导线的转点。

(3)平面缓和曲线线形：在高速公路的定线中，以曲线为基本线形进行布线，可以不用设导线转点，而在适于改变方向的地方(不仅是遇到地形地物障碍时)，顺着地形选定一段具有某一半径的圆弧，用缓和曲线与下一段圆弧相连，满足行车安全的要求。

二、公路的纵断面线形组成

沿着公路的中心线竖直剖切后展开在立面上的图形即为公路纵断面。由于受自然因素的影响以及经济性要求，路线纵断面总是一条有起伏的空间线。纵断面设计的主要任务就是根据汽车的动力特性、公路等级、当地的自然地理条件以及工程经济性等，研究起伏空间线几何构成的大小及长度，以便达到行车安全迅速、运输经济合理及乘客感觉舒适的目的。公路路线纵断面图如图 1-3 所示，其纵断面线形由直坡段和竖曲线组成。

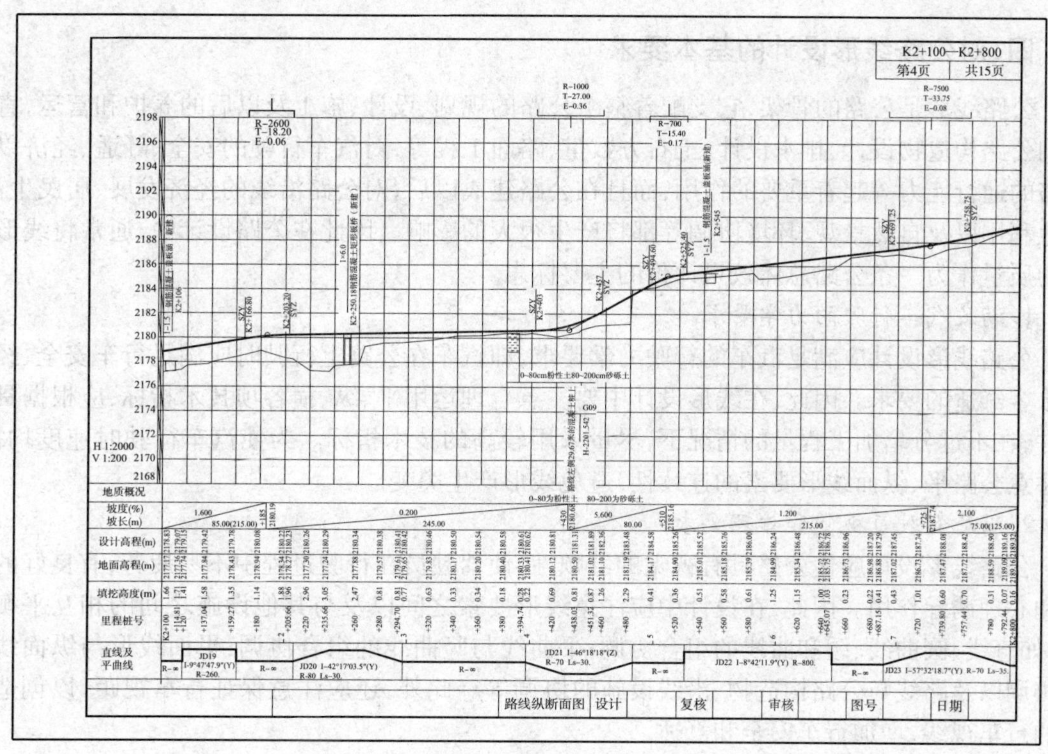

图 1-3 公路路线纵断面图

三、公路的横断面线形组成

沿着公路中心线上任意点处与切线垂直的法向方向上的切面，称为公路路线的横断面。公路横断面是包括行车道、中间带、路肩、边坡、边沟以及用地范围内的标志牌、照明、防护栅、植树绿化、取土坑等与地面线所围成的整个断面。它的宽度决定用地和造价，并影响通行能力和行车安全。有中央分隔带的公路路基横断面的组成如图 1-4 所示，无中央分隔带的公路路基横断面的组成如图 1-5 所示。《公路路线设计规范》(JTG D20—2006)(以下简称《规范》)规定了各等级公路路基标准横断面的组成和各部分的宽度。

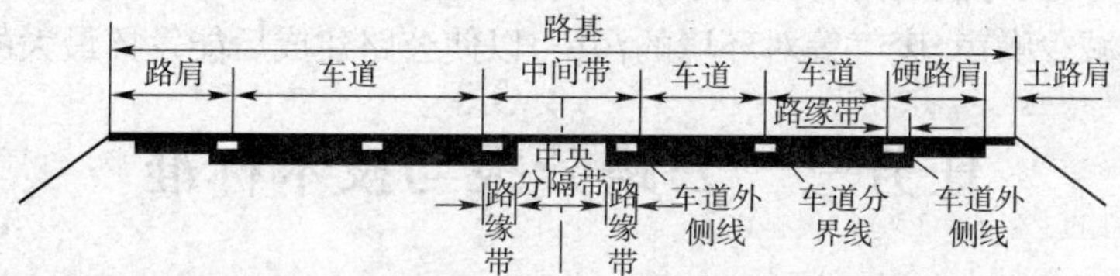

图 1-4 有中央分隔带的公路路基横断面的组成

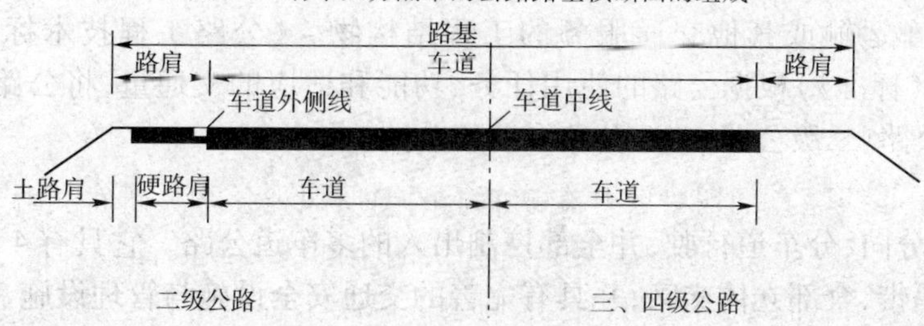

图 1-5 无中央分隔带的公路路基横断面的组成

四、对公路线形设计的基本要求

公路线形是公路的骨架,它支配着整个公路的规划、设计、施工及以后的养护和营运,直接影响公路构造物设计、排水设计、土石方数量、路面工程等,对汽车行驶的安全、舒适、经济以及公路的通行能力等起着重要的作用,而且在公路建成以后,对公路沿线的经济发展、居民生活、土地利用以及自然景观、环境协调等都将产生很大的影响。因此在公路设计中,通常将线形设计的质量作为一条公路总体效果评价的主要标志。

1. 满足汽车行驶的力学要求

公路线形设计应满足汽车的行驶力学要求,即汽车在公路上行驶时应满足行车安全、经济及旅客舒适的要求。因此,在线形设计中要注意合理运用平、纵、横各项技术指标,应根据具体条件,在不过分增加工程量的情况下,尽量采用较高的技术指标。为使汽车行驶时速度均衡,要注意公路平、纵面线形要素的连续性,避免线形产生突变。

2. 满足驾驶员视觉和心理要求

公路线形设计应使公路具有视觉的舒顺性,使驾驶员在行驶过程中不易疲劳,有良好的视觉和心理诱导作用。因此,在设计中应注意线形要素之间以及与其他设施之间的相互平衡协调,如直线、圆曲线、缓和曲线的组合协调;平曲线与竖曲线的组合协调;平面线形与纵面线形的协调以及路线与公路构造物、沿线设施的协调等。此外,还应注意保证行车视距,以创造良好的行车视线,增加行车安全和舒适。

3. 注意与周围地形、地物、环境相协调

公路线形设计要结合沿线地形、地物等条件,合理运用各种线形要素进行线形组合,使线形与沿线地形、地物相适应,从而设计出技术合理、行车安全舒适、经济节约的线形。此外,线形设计还应注意使线形与周围环境相协调,使公路建设不破坏环境的自然景观,减少对环境的干扰,尽量利用环境,改造环境,使之协调并融为一体。

4. 要与沿线自然、经济、社会条件等相适应

公路是社会空间的一个组成部分,它与沿线的自然资源及经济的开发、工农业的发展、居民条件、区域规划的关系十分密切。因此,在线形设计中,一方面必须要符合国家有关土地、环境保护、水土保持、资源开发等法规的有关要求;另一方面还必须注意少占农田、少拆建筑物、少破坏原有植物、地貌和减少噪声、废气等对环境的污染,以使公路建成后能发挥最大的社会综合效益。

任务三　公路分级与技术标准

一、公路分级及其技术指标

公路是为汽车运输或其他交通服务的工程结构物。《公路工程技术标准》(JTG B01—2003)(以下简称《标准》)根据公路的使用任务、功能和适应的交通量,将公路分为5个等级:高速公路、一级公路、二级公路、三级公路和四级公路。

1. 高速公路

为专供汽车分向、分车道行驶,并全部控制出入的多车道公路。它具有4个或4个以上车道,设有中央分隔带,全部立体交叉,并具有完善的交通安全设施与管理设施、服务设施。

四车道高速公路一般能适应按各种汽车折合成小客车的远景设计年限年平均昼夜交通量为25000~55000辆;六车道高速公路一般能适应按各种汽车折合成小客车的远景设计年限年

平均昼夜交通量为45000～80000辆；八车道高速公路一般能适应按各种汽车折合成小客车的远景设计年限年平均昼夜交通量为60000～100000辆。

2. 一级公路

一级公路是供汽车分向、分车道行驶的公路，其设施与高速公路基本相同，只是部分控制出入。一般应设置分隔带，当受到特殊条件限制时，必须设置分隔设施。一般能适应按各种汽车折合成小客车的远景设计年限年平均昼夜交通量为15000～30000辆，为连接高速公路或是某些大城市结合部、开发经济带及人烟稀少地区的多车道公路。

3. 二级公路

一般能适应按各种汽车折合成中型载货汽车的远景设计年限年平均昼夜交通量为5000～15000辆，为连接中等以上城市的干线公路，或者是通往大工矿区、港口的公路。

4. 三级公路

一般能适应按各种车辆折合成小客车的远景设计年限年平均昼夜交通量为2000～6000辆，为沟通县、城镇之间的集散公路。

5. 四级公路

一般能适应按各种车辆折合成小客车的远景设计年限年平均昼夜交通量为：双车道2000辆以下；单车道400辆以下，为沟通乡、村等地的地方公路。

以上5个等级的公路构成了我国的公路网。其中高速公路、一级公路为公路网骨干线，二、三级公路为公路网内基本线，四级公路为公路网的支线。

《标准》是国家颁布的法定技术准则，反映了我国公路建设的方针、政策和技术要求，是公路设计、修建和养护的依据。因此，在公路设计、施工和养护中，必须严格遵守。同时，在符合《标准》要求和不过分增加工程造价的前提下，根据技术经济原则尽可能采用较高的技术指标，以充分提高公路的使用质量和效益。

我国《标准》、《规范》规定的各级公路主要技术指标见表1-1～表1-5。

各级公路设计速度　　表1-1

公路等级	高速公路			一级公路			二级公路		三级公路		四级公路
设计速度(km/h)	120	100	80	100	80	60	80	60	40	30	20

车道宽度　　表1-2

设计速度(km/h)	120	100	80	60	40	30	20
车道宽度(m)	3.75	3.75	3.75	3.50	3.50	3.25	3.00 (单车道时为3.50)

注：高速公路为八车道，当设置左侧硬路肩时，内侧车宽度可采用3.50m。

中间带宽度　　表1-3

设计速度(km/h)		120	100	80	60
中央分隔带宽度(m)	一般值	3.00	2.00	2.00	2.00
	最小值	2.00	2.00	1.00	1.00
左侧路缘带宽度(m)	一般值	0.75	0.75	0.50	0.50
	最小值	0.75	0.50	0.50	0.50
中间带宽度(m)	一般值	4.50	3.50	3.00	3.00
	最小值	3.50	3.00	2.00	2.00

注："一般值"为正常情况下的采用值；"最小值"为条件受限制时可采用的值。

路 肩 宽 度 表 1-4

设计速度(km/h)		高速公路、一级公路				二级公路、三级公路、四级公路				
		120	100	80	60	80	60	40	30	20
右侧硬路肩宽度(m)	一般值	3.00或3.50	3.00	2.50	2.50	1.50	0.75	—	—	—
	最小值	3.00	2.50	1.50	1.50	0.75	0.25			
土路肩宽度(m)	一般值	0.75	0.75	0.75	0.50	0.75	0.75	0.75	0.50	0.25(双车道) 0.50(单车道)
	最小值	0.75	0.75	0.75	0.50	0.5	0.5			

注:①“一般值”为正常情况下的采用值;“最小值”为条件受限制时可采用的道。

②设计速度为120km/h的四车道高速公路,采用3.50m的右侧硬路肩;六车道、八车道高速公路,采用3.00m的右侧硬路肩。

各级公路路基宽度 表 1-5

公路等级		高速公路、一级公路								
设计速度(km/h)		120			100			80		60
车道数		8	6	4	8	6	4	6	4	4
路基宽度(m)	一般值	45.00	34.50	28.00	44.00	33.50	26.00	32.00	24.50	23.00
	最小值	42.00	—	26.00	41.00	—	24.50	—	21.50	20.00

公路等级		二级公路、三级公路、四级公路					
设计速度(km/h)		80	60	40	30	20	
车道数		2	2	2	2	2或1	
路基宽度(m)	一般值	12.00	10.00	8.50	7.50	6.50(双车道)	4.50(单车道)
	最小值	10.00	8.50	—	—	—	

注:①“一般值”为正常情况下的采用值;“最小值”为条件受限制时可采用的值。

②八车道高速公路路基宽度“一般值”为设置左侧硬路肩、内侧车道采用3.50m时的宽度。

③八车道高速公路路基宽度“最小值”为不设置左侧硬路肩、内侧车道采用3.75m时的宽度。

二、公路等级的选用

在我国的公路网中,高速公路、一级公路为骨干线,二、三级公路为基本线,四级公路为支线。

1. 各级公路设计交通量的预测

(1)高速公路和具有干线功能的一级公路的设计交通量应按20年预测;具有集散功能的一、二、三级公路的设计交通量应按15年预测;四级公路可根据实际情况确定。

(2)设计交通量预测的起算年应为该项目可行性研究报告中的计划通车年。

(3)设计交通量预测应充分考虑走廊带范围内远期社会、经济的发展和综合运输体系的影响。

2. 公路等级的选用

(1)公路等级的选用应根据公路功能、路网规划、交通量等,并充分考虑项目所在地区的综合运输体系、社会经济等因素,经论证后确定。

(2)对于同一条公路可分段采用不同的等级。公路建设是带状的建设项目,沿途的社会环境、经济环境和自然环境都会有很大的差异,其地形、地物以及交通量不会完全相同,甚至会有很大的差别。因此，对于一条比较长的公路可以根据沿途情况和交通量的变化，分段选用不同的公路等级或同一公路等级不同的设计速度、路基宽度，但不同公路等级、设计速度、路基宽度间的衔接应协调，过渡应顺适。

(3) 预测的设计交通量介于一级公路与二级公路之间时，拟建公路为干线公路，宜选用高速公路；拟建公路为集散公路时，宜选用一级公路。

(4)干线公路宜选用二级及二级以上公路。

(5)干线公路采用二级公路标准时，应采取增大平面交叉间距，采用主路优先的交通管理方式，采取渠化平面交叉等措施，以减小横向干扰，其平面交叉间距不应小于500m。

(6)集散公路采用二级公路标准时，非汽车交通量大的路段，可设置慢车道，采用主路优先或信号等交通管理方式，采取渠化平面交叉等措施，以减小纵、横向干扰，其平面交叉间距不应小于300m。

(7)支线公路或地方公路可选用三、四级公路，允许各种车辆在车道内混合行驶。

任务四　勘测设计的依据

公路是为在道路上行驶的各种车辆服务的，因此公路路线线形和结构设计的标准必须与车辆的性能相适应。反映车辆特性的数据就是道路几何设计和各部分结构设计的基本依据，即设计车速、设计车辆以及设计交通量。

一、设计车辆

作为道路设计依据的车型称为设计车辆。

在道路几何设计中，车辆的几何尺寸、质量、性能等，直接关系到行车道宽度、弯道加宽、道路纵坡、行车视距、道路净空、路面及桥涵荷载，因此设计车型的规定及采用对决定道路几何尺寸和结构具有极其重要的意义。

设计车辆是设计时所采用的有代表性的车型。

我国《公路工程技术标准》(JTG B01—2003)将设计车辆分为三类，即小客车、载货汽车和鞍式列车。设计车辆所采用的外廓尺寸规定见表1-6。各汽车代表车型与车辆折算系数见表1-7。

公路设计车辆外廓尺寸　　表1-6

车辆类型	总长(m)	总宽(m)	总高(m)	前悬(m)	轴距(m)	后悬(m)
小客车	6	1.8	2	0.8	3.8	1.4
载货汽车	12	2.5	4	1.5	6.5	4
鞍式列车	16	2.5	4	1.2	4+8.8	2

注：①总长为车辆前保险杠至后保险杠的距离。

②总宽为车厢宽度(不包括后视镜)。

③总高为车厢顶或装载顶至地面的高度。

④前悬为车辆前保险杠至前轴轴中线的距离。

⑤轴距：双轴车时为前轴轴中线至后轴轴中线的距离；铰接车时为前轴轴中线至中轴轴中线的距离及中轴至后轴轴中线的距离。

⑥后悬为车辆保险杠至后轴轴中线的距离。

各汽车代表车型与车辆折算系数 表 1-7

汽车代表车型	车辆折算系数	说　明
小客车	1.0	≤19 座的客车和载质量≤2t 的货车
中型车	1.5	>19 座的客车和载质量 >2t ~ ≤7t 的货车
大型车	2.0	载质量 >7t ~ ≤14t 的货车
拖挂车	3.0	载质量 >14t 的货车

注:①畜力车、人力车、自行车等非机动车,在设计交通量换算中按路侧干扰因素计。

②一、二级公路上行驶的拖拉机按路侧干扰因素计,三、四级公路上行驶的拖拉机每辆折算为 4 辆小客车。

③公路通行能力分析所需要的车辆折算系数应针对路段、交叉口等形式,按不同的地形条件和交通需求,采用相应的折算系数。

二、设计速度

设计速度又称计算行车速度,是指道路几何设计所采用的车速。设计速度是在气象条件良好,车辆行驶只受道路本身条件(几何要素、路面、附属设施)影响时,具有中等驾驶水平的驾驶员能够安全、舒适行驶所维持的最大速度。设计速度是决定道路几何形状的基本依据。曲线半径、超高、视距等技术指标都直接与设计速度有关。

《标准》规定各级公路的设计速度见表 1-8。

各级公路设计速度 表 1-8

公路等级	高速公路			一级公路			二级公路		三级公路		四级公路
设计速度(km/h)	120	100	80	100	80	60	80	60	40	30	20

设计速度按以下规定选用:

(1)各级公路设计速度应根据公路的功能、等级、交通量,并结合沿线地形、地质等状况,经论证确定。

(2)高速公路应根据交通量、地形等情况选用高的设计速度。但在特殊困难的局部路段,经论证,该局部路段的设计速度可采用 60km/h,或仅限于相邻两互通式立体交叉之间,与其他相邻路段的设计速度不应大于 80km/h。

(3)一级公路作为干线公路时,且纵横向干扰小时,设计速度宜采用 100km/h 或 80km/h;作为集散公路时,根据混合交通量、平面交叉间距等因素,设计速度宜采用 60km/h 或 80km/h。

(4)二级公路作为干线公路时,设计速度宜采用 80km/h;作为集散公路时,混合交通量较大、平面交叉间距较小的路段,设计速度宜采用 60km/h。二级公路位于地形、地质等自然条件复杂的山区,经论证该路段的设计速度可采用 40km/h。

(5)三级公路作为支线公路时,设计速度宜采用 40km/h;地形、地质等自然条件复杂的路段,设计速度可采用 30km/h。

(6)地形、地质等自然条件复杂的山区,或交通量很小的路段,可采用设计速度为 20km/h 的四级公路。

三、设计交通量

交通量是指单位时间内(每小时或每昼夜)通过道路上某一横断面处的往返车辆总数,又称交通流量。交通量换算采用小客车为标准车型。确定公路等级的各汽车代表车型和车辆折算系数规定见表1-7。

设计交通量是用以作为道路设计依据而确定的,预期到设计年限末的交通量。

1. 设计年平均日交通量

设计年平均日交通量是指拟建道路到达交通预测年限时能达到的年平均日交通量(辆/d),是确定公路等级、论证公路的计划费用或各项结构设计的重要依据。

二、三、四级公路通常以设计年平均日交通量作为设计依据,即以现有交通量为准,考虑将来经济的发展和公路改造引起交通量变化的需要,推算到设计年限末的交通量。

年平均日交通量(简写为AADT),用全年总交通量除以365而得。

预测设计年限年平均日交通量以道路使用任务及性质,根据历年交通观测资料推算求得。一般按年平均增长率累计计算确定。

$$N_d = N_0 (1+\gamma)^{n-1} \tag{1-1}$$

式中:N_d——预测年的平均日交通量(辆/d);

N_0——起始年平均日交通量(辆/d),包括现有交通量和道路建成后从其他道路吸引过来的交通量;

γ——年平均增长率(%);

n——远景设计年限。

2. 设计小时交通量

设计小时交通量(辆/h)是以小时为计算时段的交通量,是指根据交通量预测所选定的作为高速公路、一级公路设计依据的小时交通量,是确定车道数和车道宽度或评价服务水平时的依据。

作为设计依据的小时交通量的取值,一般认为将一年中8760小时交通量按交通量大小顺序排列,序号为第30位的小时交通量作为设计小时交通量是最合适的。也可根据当地条件在第20位至第40位小时交通量之间采用最为经济合理的位置。

设计小时交通量按下式计算:

$$N_h = N_d K D \tag{1-2}$$

式中:N_h——设计小时交通量(辆/h);

N_d——预测设计年平均日交通量(辆/d);

K——设计小时交通量系数,即第30位小时交通量与年平均日交通量的比值。一般平原区取13%,山区取15%,见表1-9;

D——方向不均匀系数,一般取0.6。

年平均日交通量与小时交通量关系曲线如图1-6所示。

各地区的设计小时交通量系数(%) 表1 9

地区		华北	东北	华东	中南	西南	西北
		京、津、冀、晋、蒙	辽、吉、黑	沪、苏、浙、皖、闽、赣、鲁	豫、湘、鄂、粤、桂、琼	川、滇、黔、藏	陕、甘、青、宁、新
城市近郊	高速公路	8.0	9.5	8.5	8.5	9.0	9.5
	一级公路	9.5	11.0	10.0	10.0	10.5	11.0
	二、三级公路	11.5	13.5	12.0	12.5	13.0	13.5

续上表

地区		华北	东北	华东	中南	西南	西北
		京、津、冀、晋、蒙	辽、吉、黑	沪、苏、浙、皖、闽、赣、鲁	豫、湘、鄂、粤、桂、琼	川、滇、黔、藏	陕、甘、青、宁、新
公路	高速公路	12.0	13.5	12.5	12.5	13.0	13.5
	一级公路	13.5	15.0	14.0	14.0	14.5	15.0
	二、三级公路	15.5	17.5	16.0	16.5	17.0	17.5

注：①新建公路的设计小时交通量系数，可参照公路功能、交通量、地区气候、地形等条件相似的公路观测数据确定。

②缺乏观测数据的地区，设计小时交通量系数可参照本表取值。

对双车道道路，设计小时交通量取双向交通量；对单向两条车道以上的道路，取单向交通量作设计交通量，则上式须再乘以交通量的方向不均匀系数。

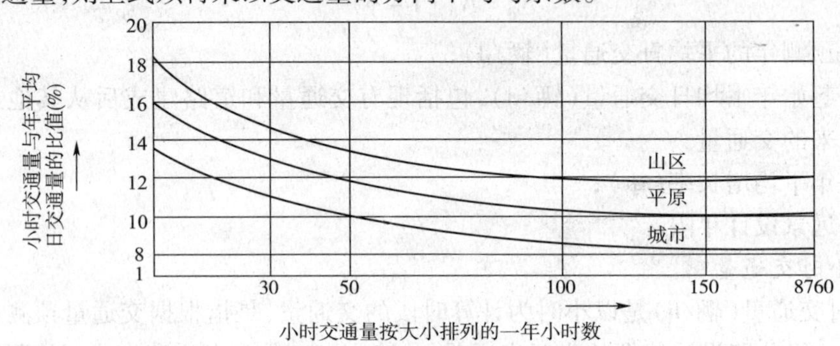

图 1-6　年平均日交通量与小时交通量关系曲线

任务五　通行能力及服务水平

一、认识通行能力及服务水平

1. 通行能力

通行能力又称公路容量，是指公路设施在正常的公路条件、交通条件和驾驶行为等情况下，在一定的时间段内（通常取 1h）可能通过的最大车辆数。通行能力是公路设计及交通管理等方面的重要参数，它与交通量的含义不尽相同。交通量是指公路在单位时间内实际通过的车辆数，而通行能力是公路在一定条件下单位时间内可能通过车辆的极限数，是公路所具有的一种“能力”。当公路上的交通量接近或等于通行能力时，就会出现交通拥挤或阻塞停滞现象。研究通行能力，对于现有公路功能的评价、确定公路改建方案、改进交通管理和控制方式、规划新建公路及选择交叉口形式等都具有重要意义。

2. 服务水平

服务水平是描述公路交通流的运行条件及其对汽车驾驶员和乘客感觉的一种乘员测定标准，是道路使用者从道路状况、交通条件、道路环境等方面可能得到的服务程度或服务质量，如可以提供的行车速度、舒适、安全及经济等方面所能得到的实际效果与服务程度。通常一定等级的服务水平对应一定的服务交通量。

二、通行能力及服务水平的应用

《规范》指出：

公路规划和设计中，应进行通行能力和服务水平的分析、评价。

高速公路、一级公路的路段和互通式立体交叉的匝道及其交织区段必须分别进行通行能力和服务水平的分析、评价，使全线服务水平保持均衡一致。

二、三级公路的路段与一级公路平面交叉，也应进行通行能力和服务水平的分析、评价，二、三级公路的平面交叉，则根据其重要程度宜进行这项工作。

服务水平通常由速度、交通密度、行驶自由度、交通中断情况、舒适性和便利程度等来描述和衡量。目前，我国公路服务水平分为四级。高速公路、一级公路应按二级服务水平设计；二、三级公路按三级服务水平设计；四级公路视需要而定。

通行能力根据使用性质和要求，通常定义为以下三种形式：

(1)基本通行能力

在理想条件下，公路设施在四级服务水平时所能通行的最大小时交通量，即理论上所能通行的最大小时交通量。

(2)设计通行能力

设计某一公路设施时，根据对交通运行质量的要求，即在一定服务水平要求下，公路设施所能通行的最大小时交通量。因此，设计通行能力与选择的服务水平级别有关。

(3)实际通行能力

设计或评价某一具体路段时，应根据该设施具体的公路几何构造、交通条件以及交通管理水平，对不同服务水平下的服务交通量(如基本通行能力或设计通行能力)按照实际公路条件、交通条件等进行相应修正后的小时交通量。

通行能力的目的是为了确定交通运行质量，因此通行能力的分析、评价必须与服务水平的分析、评价同时进行。服务水平是用路者在不同的交通流状况下，所能得到的速度、舒适性、经济性等方面的服务程度，即公路在某种交通条件下为驾驶员和乘客所能提供的运行服务质量。

公路规划、设计既要保证车辆运行质量，还要兼顾公路建设成本与效益。考虑到设计小时交通量是第30位小时交通量，因此设计采用的服务水平不必过高，否则将会有更多时段的交通流处于不稳定的强制流运行状态，导致更多的时段发生经常性堵车。因此，原则上高速公路、一级公路采用二级服务水平设计。而二、三级公路和平面交叉采用三级服务水平设计。四级公路作为支线公路和地方公路，主要提供短途的可达性运输服务。所以，对四级公路服务水平不作规定，可视其用途、作用、目的等需求而定。见表1-10。

各级公路设计采用的服务水平 表1-10

公路等级	高速公路	一级公路	二级公路	三级公路	四级公路
服务水平	二级	二级	三级	三级	—

注：①一级公路作为集散公路时，可采用三级服务水平设计。

②互通式立体交叉的分合流区段、匝道以及交织区段，可采用三级服务水平设计。

项目二　公路的选线与定线

知识目标

1. 了解公路选线的原则，掌握选线的步骤与方案比选的方法。

2. 掌握不同地形条件下的公路选线要点。

3. 了解公路定线的任务，掌握公路定线的方法。

能力目标

1. 能够针对不同地形条件进行简单的选线、定线工作。

2. 能够利用经济、技术指标分析不同的路线方案，并进行方案比选。

3. 能够在大比例尺地形图上进行纸上定线和局部移线。

任务一　公路的选线

一、选线的基本知识

公路选线就是根据路线的性质、任务、等级和标准，结合当地的地形、地质、地物及其他沿线条件和施工条件等，综合考虑平、纵、横三方面因素，在实地或纸上选定一条技术上可行、经济上合理，又能符合使用要求的公路中心线的工作。

选线的目的，就是根据国家建设发展的需要，结合自然条件，选定合理的路线，使筑路费用与使用质量达到统一，且行车迅速安全、经济舒适、构造物稳定耐久及易于养护的目的。

选线的主要任务是：确定公路的走向和总体布局；具体确定公路的交点位置和选定公路曲线的要素，通过纸上或实地选线，把公路的平面位置确定下来。

公路选线是整个公路勘测设计的关键，是公路线形设计的重要环节，它对公路的使用质量和工程造价都有很大的影响。选线人员必须认真贯彻国家规定的方针政策，注重生态环境保护，维护群众利益，深入实际，调查研究，反复比较，正确解决技术指标与在自然条件下实地布线之间的矛盾，综合考虑路线、路基、路面、桥涵、隧道、交叉等，最后才能选定合理的路线。

选线需要考虑自然环境和社会经济条件，以及线形技术指标等各方面的因素。因此，选线是一项涉及面广、影响因素多、政策性和技术性都很强的工作。

1. 选线的方法与步骤

1）一般方法

（1）实地选线

实地选线是我国的传统选线方法，由选线人员根据设计任务书的要求，在现场进行勘察测量，经过反复对比，直接选定路线的方法。

其优点是方法简便,切合实际。实地勘察容易掌握地质、地形、地物等情况,方案比较可靠,定线时一般不需要大比例尺地形图。缺点是野外工作量很大,体力劳动强度大,野外测设受气候、季节的影响大。同时,由于实地视野的限制,地物、地貌、地物的局限性很大,使路线的整体布局有一定的片面性和局限性。

实地选线适用于一般等级较低、方案比较明确的公路。

(2)纸上选线

纸上选线是在已经测得地形图上进行路线布局、方案比选,从而在纸上确定路线,将此路线再放到实地的选线方法。

其优点是野外工作量小,定线不受自然因素干扰,能在室内纵观全局,结合地形、地物、物质条件,综合平衡平、纵、横三方面因素,所选定的路线更为合理。缺点是必须要求有大比例尺地形图,地形图的测设需要花费较大的工作量和具备一定的设备。

纸上选线的一般步骤为:

①实地敷设导线;

②实测地形图;

③纸上选定路线;

④实地放线。

2)一般步骤

一条路线的选定是一项由大到小、由粗到细、由轮廓到具体,逐步深入的工作。按照测设程序分阶段、分步骤进行,比较分析后,选定最合理的路线。一般要经过以下三个步骤:

(1)全面布局

全面布局是解决路线基本走向的工作。即在路线总方向(起讫点和中间必须经过城镇或地点)确定后,从全面到局部的总体布置的过程。此项工作最好先在1∶10000～1∶50000地形图上进行路线整体布局,选定出可能的路线方案,然后进行踏勘与资料收集,根据需要与可能结合具体条件,通过比选,落实必须通过的主要控制点,放弃那些避让的控制点,逐步缩小路线活动范围,进而定出大体的路线布局。例如,在公路的起讫点及必须通过的控制点间可能沿某条河、越某座岭;也可能沿几条河、越几座岭,为下一步定线工作奠定基础。

路线布局是关系到公路质量的根本性问题。如果总体布局不当,即使局部路线选得再好、技术指标确定得再恰当,仍然是一条质量很差的路线。因此,在选线中首先应着眼于总体布局工作,解决好基本走向问题。全面布局是通过路线视察,经过方案比较来解决的。

(2)逐段安排

在总体路线方案既定的基础上,以相邻主要控制点间划分段落,根据公路标准,结合具体地形通过试坡展线方法逐段加密细部控制点,进一步明确路线走法,即在大控制点间,结合地形、地质、水文、气候等条件,逐段定出小控制点,这样就构成了路线的雏形。这一步工作的关键在于研究与落实路线方案,为实现具体定线提供可能的途径。这一步工作如做得仔细,考虑周到,就可以减少以后不必要的改线与返工。逐段安排路线是通过踏勘测量或详测前的路线勘察来解决的。

(3)具体定线

有了上述路线轮廓就可以进行具体定线。根据地形起伏与复杂程度不同,可分为现场直接插点定线或放坡定点的方法。插出一系列的控制点,然后从这些点位中穿出通过多数点(特别那些控制较严的点位)直线段,延伸相邻直线的交点,即为路线的转角点。随后拟订曲线半径,至此定线工作基本完成。做好上述工作的关键在于摸清地形情况,全面考虑前后线形衔接与平、纵、横协调关系,恰当地选用合适的技术指标,以使整个线形得以连贯协调。这是一步更深入、更细致、更具体的工作。具体定线在详测时完成。

2. 选线的原则

(1)在路线设计的各个阶段,应用先进的手段对路线方案进行深入、细致研究,多方案论证、比较,最终选定最优路线方案。

(2)路线设计应在保证行车安全、舒适、迅速的前提下,力求工程数量最小、造价低、营运费用省、效益好,并有利于施工和养护。在工程量增加不大时,应尽量采用较高的技术指标,不宜轻易采用低限指标,也不应片面追求高指标。

(3)选线应同农田基本建设相配合,做到少占田地,注意尽量不占高产田、经济作物田或经济林园(如橡胶林、茶林、果园)等。

(4)充分利用有利地形、地势,尽量回避不利地带,正确运用技术标准,从行车的安全、畅通和施工、养护的经济、方便着眼,认真研究路线与地形的配合,做好路线平、纵、横面的结合,力求平面短捷舒顺,纵面平缓均匀,横面稳定经济。

(5)通过名胜、风景、古迹地区的公路,应与周围的环境、景观相协调,并适当照顾美观。注意对原有的自然生态环境和重要的历史文物遗址的保护,做到少破坏,尽量不破坏。

(6)认真做好工程地质和水文地质的深入勘测,查清其对公路工程的影响程度,并提出相应的技术措施。对于滑坡、崩塌、岩堆、泥石流、岩溶、软土、泥沼等严重不良地质地段和沙漠、盐渍土、多年冻土等特殊地区,应慎重对待。一般情况下,路线应设法绕避;当路线必须穿过时,应选择合适的位置,缩小穿越范围,并采取必要的工程措施。

(7)大中桥位应在服从路线总方向的原则下,对路桥综合考虑,不要因桥位而过多地增长路线,桥位应尽量选择在河道顺直、水流稳定、地质良好的河段上,并注意方便群众。小桥涵位置应服从路线走向,但在不降低路线技术指标的情况下,也应适当照顾小桥涵位置的合理性。

(8)对于高速公路和一级公路,由于路幅宽,必要时可根据通过地区的地形、地物、自然环境等条件,利用其上下车道分离的特点,本着因地制宜的原则,合理采用上下行车道分离的形式布线。

(9)考虑施工条件对选定路线的影响,推荐路线方案时要注意结合可能的施工方式和施工力量,并积极采用新结构、新材料和先进的施工技术。

(10)选线应重视环境保护,注意因道路修筑以及汽车运行所产生的影响与污染等问题,主要应注意以下几个方面:

①路线对自然环境与资源可能产生的影响。

②占地、拆迁房屋所带来的影响。

③路线对城镇布局、行政区划、农耕区、水利排灌体系等现有设施造成分割而产生的影响。

④噪声对居民生活的影响。

⑤汽车尾气对大气、水源、农田所造成的污染及影响。

⑥对自然环境、资源的影响和污染的防治措施及其对策实施的可能性。

二、选线要点

1. 平原地区选线

1)自然特征

平原区主要是指一般平原、山间盆地、高原等地形平坦地区。其地形特征是:地面起伏不大,一般自然坡度都在3°以下。耕地较多,在农耕区农田水系沟渠纵横交错;居民点多而散,建筑设施多,交通网系较密;在天然河网、湖区,还密布有湖泊、水塘和河岔等。

从地质和水文条件来看,平原区一般不良地质现象较少,但由于地面平坦,排水困难,地面易积水,地下水位较高。平原区河流较宽阔,河道平缓,泥沙易淤积,河床低浅,洪水泛滥时河面较宽。有时会遇到软土和沼泽地段。

2)路线特征

平原地区路线特征一般是:平面线形顺直,以直线为主体线形,弯道转角较小,平曲线半径较大。在纵断面上,坡度平缓。路基设计以矮路堤为主。

平原地区的地形对路线的约束限制不大,路线平、纵、横三方面的技术指标均容易达到较高的技术指标。

3)布设要点

平原区路线布设应重点考虑政治、经济、文化和人民生活的方便,正确处理好路线与地物、地质与排水的关系。对于草原、戈壁、沙漠等空旷、周围景观相对单调的地区,应避免采用过长的直线,但也不应随意转弯。路线布设时,平面应主要考虑平面线形如何绕避地物障碍等。纵断面应结合桥涵、通道、交叉等构造物的布局,合理确定路基设计高度,纵坡不应频繁变化,也不应过于平缓,要考虑车辆的行驶顺畅以及排水要求。

综合平原区自然和路线特征,布线时应着重考虑以下几点:

(1)正确处理路线与农业的关系

修建公路时占地是难以避免的。如何解决好路线与农田规划、农业灌溉水利设施的关系,是平原区选线时的关键问题。布设路线时,要注意既不片面要求路线顺直而占用大面积的良田;也不片面要求少占耕地而降低线形标准,甚至恶化行车条件。路线的布置应尽可能与农业灌溉系统相配合,除较高等级的公路外,一般不要破坏灌溉系统,布线要注意尽量与干渠相平行,减少路线与渠道的相交次数,最好把路线布置在渠道的上方非灌溉区一侧或者是渠道的尾部。尽量做到少占良田,不占高产田。

注意筑路与造田、护田相结合。在可能条件下,布线要有利于造田、护田,以支援农业。路线通过河曲地带,当水文条件许可时,可考虑路线直穿,裁弯取直,改移河道,缩短路线,改善线形。

当路线靠近河边低洼的村庄或田地通过时,应尽量争取靠河岸布线,利用公路的防护措施,兼作保村护田的措施。

【案例2-1】

分析图2-1中虚、实线的优劣,确定采用方案。

虚线方案穿经稻田区,路线短、线形好,但占耕地多,建筑路堤取土距离较远;实线方案的长度略有增加,但避开了大片稻田区,沿山坡布线,路基稳定,又可以节约土方数量。当路线标准不是太高时,应采用实线方案。

(2)处理好路线和桥位的关系

大、中桥位往往是路线的控制点,应在服从路线总方向的原则下,路、桥综合考虑,选择有利的桥位布设路线。既要防止只考虑路线顺直、不顾桥位条件、增加桥跨的难度,又要防止片面强调桥位,使路线绕线过长,标准过低。一般情况下,桥位中线应尽可能与河水主流流向正交,桥梁和引道都在直线上。桥位应选在水文地质、跨河条件较好的河段。

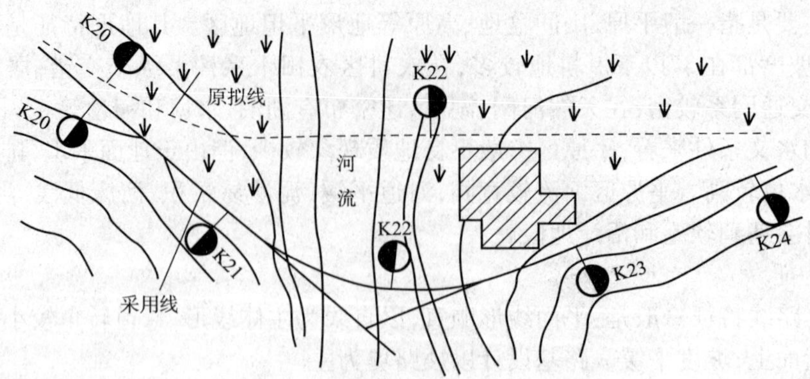

图 2-1　平原区线位方案比较图

小桥涵的位置原则上应服从路线走向，但遇到斜交过大（夹角小于 45°时）或河沟过于弯曲时，可考虑采取改沟或改移路线的办法，调整交角，布线时应比较后确定。

路线通过洪泛区时，对桥涵、路基应根据水文资料留有足够的孔径、跨度和高度，以保证洪水泛滥时不会对村庄和农田造成威胁。有条件时，路线应设在洪水泛滥线以外。

【案例 2-2】

如图 2-2 所示，有 3 个跨河方案，试比较分析并选择跨河方案。

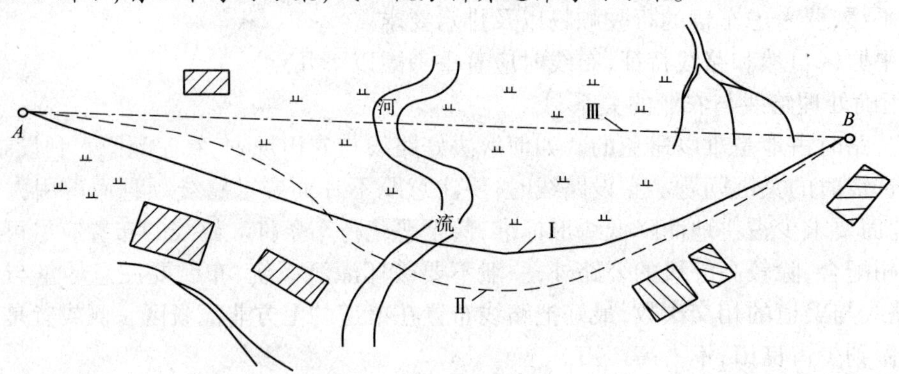

图 2-2　跨河选线示意图

Ⅱ方案与河沟正交跨越，但线形曲折，不利于行车；Ⅲ方案路线直捷，但桥位处于河曲段，跨河不利；综合比较，Ⅰ方案桥位虽略斜，比Ⅱ方案桥跨略长，但路线顺适，故为可取方案。

(3) 处理好路线与城镇居民点的关系

平原地区有较多的城镇、村庄、工业设施等，路线布设应正确处理好路线与它们的关系，必要时应采取相应的技术措施通过。

①国防公路与高等级的干道，应采取绕避的方式远离城镇、村庄及工矿区，必要时考虑采用支线联系。

②较高等级的公路应尽量避免直穿城镇、工矿区和居民密集区，以减少相互干扰。但考虑到公路对这些地区的服务性能，路线又不宜相离太远，往往从城镇的边缘经过。做到近村而不进村，利民而不扰民。既方便运输，又保证交通安全。这种路线布线时，要注意与城镇等规划相结合。

③一般公路应考虑县、区、村的沟通，经地方同意可穿越城镇，但要注意有足够的视距和必要的公路宽度以及必要的交通设施，以保证行人和行车的安全。

④路线应尽量避让重要的电力、电信设施。当必须靠近或穿越时，应保持足够的距离和净

空,尽量不拆或少拆各种电力、电信设施。

(4)注意土壤与水文条件

平原区的水位条件较差,取土较为困难。为了保证路基的稳定性和节约用土,在低洼地区,应尽可能沿接近分水岭的地势较高处布线,以使路基具有较好的水文条件;在排水不良的地带布线时,要注意保证路基最小填土高度;路线要尽量避开较大的湖塘、水库、泥沼等,不得已时可选择最窄、最浅和基底坡面较平缓的地方通过,并采取措施保证路基稳定。

(5)注意处理新、旧线的关系

平原区布线应与铁路、航道及已有公路运输相配合。若沿线有老路与新布路线相距较近、而且走向一致时,在条件许可时,应尽量地将其改造后加以利用,以减少耕地的占用和提高路基的稳定性。

(6)注意考虑就地取材

修建公路需要消耗大量的筑路材料,为节省工程造价,应充分利用当地的材料。平原地区一般缺乏砂石建筑材料,布线时应注意考虑施工、运输等问题。有条件时可利用地方上的工业废料。

【案例 2-3】

如图 2-3 所示,拟在普安村与和丰村之间修建一条二级干线公路,确定路线的选线方案。

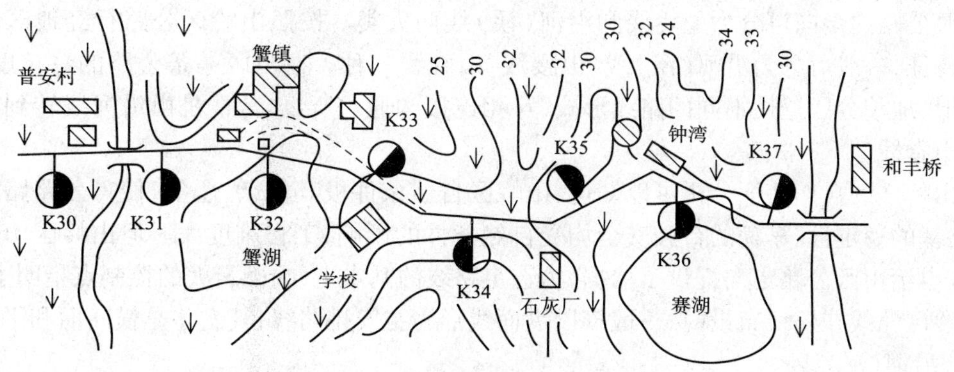

图 2-3　平原区布线方案

首先对路线总方向必经的控制点之间进行实地调查,选定中小控制点。一般情况下,如果没有充分理由或并非不利的长直线,平原区选线应该从一个控制点直达另一个控制点,尽量不要随意转弯。需要转弯时,应在控制点附近选择有利地形,定出交点,再敷设曲线。

项目要求的是一条二级公路的路段,根据图中所示条件可以看出,路线是应以普安桥位、蟹湖、蟹镇、学校、石灰厂、钟湾、赛湖以及和丰桥等作为控制点,在有利位置选定转角点,用直线连接各转角点。

因为是二级公路,所以考虑尽可能连接较多的城镇居民点、工矿区。图中实线直线安排较合理,线形标准较高,无不利条件的长直线;路线靠近居民点,却又不穿越居民点;沿线地形利用较合理。

作为比较方案的虚线,为了绕避蟹湖而使路线降低了技术指标,影响了线形的美观。避让点虽然避开了蟹湖,但靠居民太近,有拆迁的可能。

综合考虑以上因素,选择实线方案。需要注意的是,路线经过蟹湖处应采取相应的措施确保路基稳定,同时尽可能减少对蟹湖及周边生态环境的影响。

2. 山岭区选线

1)自然特征

山岭区地形包括山岭、突起的山脊、凹陷山谷、陡峻的山坡、悬崖、峭壁等,地形复杂多变,一般地面自然坡度在20°以上。其主要特征是:

(1)地形条件

山高谷深,地形复杂。由于山区高差大,加之陡峻的山坡和曲折幽深的河谷,形成了错综复杂的地形。

(2)地质条件

岩石多、土层薄、地质复杂。由于山区的地质层理和地壳性质在短距离内变化很大,岩层的产状和地质构造复杂,不良地质现象(如岩堆、滑坡、崩塌、碎落、泥石流等)较多。

(3)水文条件

山区河流曲折迂回,河岸陡峻,河底比降大;雨季暴雨集中,流速快,流量大,冲刷和破坏力很大。

(4)气候条件

山区气候多变,气温一般较低、冬季多冰雪(海拔较高的山区),一年四季和昼夜温差很大,山高雾大,空气较稀薄,气压较低。

2)路线特征

按照公路的走向可分为越岭线和沿河(溪)线两大类。按照山岭区公路行经地区的地貌和地形特征,一般可分为沿河(溪)线、山腰线、山脊线三种。在山区一条公路的总长度中,应根据地形、地貌分段选用不同的路线形式,互相连接沟通。所以,常常是由沿河线转到山腰线再转到山脊线。

从山岭区的自然特征分析可以知道,山岭区自然条件极其复杂、恶劣,使得公路路线的线形差,路基的稳定性、车辆的行驶安全均受自然条件的影响,工程难度大。但山岭区山脉水系分明,这也给山区公路走向提供了依据,为选定路线的基本走向、确定大的控制点指明了方向。

山岭区路线在路线布设时,一般多以纵面线形为主安排路线,其次才是横断面和平面。

(1)沿河(溪)线

沿河(溪)线是指公路沿河利用两岸开阔台地布设的路线,如图2-4所示。

图2-4 某公路沿河线

沿溪线的特点是路线走向明确，纵坡相对较小，平面受纵面线形的约束较少，容易争取较好的线形；沿溪线傍山临河，砂、石材料丰富，用水便利，为施工和养护提供了有利条件；山区的溪岸两侧多是居民密集的地方，沿溪线能更好地为沿线居民点服务，充分发挥公路的作用。

沿溪线的缺点是路线临水较近，受洪水威胁较大；峡谷河段，路线线位摆动的余地很小，难以避让不良地质地段；在路线通过陡岩河段时，工程艰巨、工程量集中、工作面狭窄，给公路测设和施工带来很大困难；沿溪线线位低，往往要跨过较多的支沟，桥涵及防护工程较多；河谷两岸台地往往是较好的耕作地，筑路占地与农田及其水利设施的矛盾较为突出；河谷工程地质情况复杂，河谷的两岸通常处于路基病害（如滑坡、岩堆、坍塌、泥石流）的下部，路线通过时，容易破坏山体平衡，给公路设计、施工、养护、运营带来困难。

（2）越岭线

当公路的两个控制点分别位于山岭的两侧时，路线需要由一侧山麓升坡至山脊，在适当的地点穿过垭口，然后从山脊的另一侧展线降坡而下的路线就是越岭线。越岭线一般是由山腰线、山脊线组成的。

越岭线需要克服很大的高差，路线的长度和平面位置主要取决于路线的安排。因此，越岭线选线中，是以路线纵断面为主导的。

越岭线的优点是布线时不受河谷限制，布线较为灵活；越岭线不受洪水威胁和影响，路基稳定，沿线的桥涵及防护工程较少。

越岭线的缺点是里程较长、线形差、指标低；越岭线的线位高，远离河谷，施工和运营条件较差。

（3）山脊线

山脊线是指大致沿分水岭方向所布设的路线。山脊线的平面线形随分水岭的曲折而弯曲，纵面线形随控制垭口间的高差变化而起伏。山脊线一般不单独使用，多与山坡线相结合，作为越岭线垭口两侧路线的过渡段。能否采用部分山脊线，还必须有适宜的山脊。一般服从路线走向，分水线平顺直缓，起伏不大，岭脊肥厚，垭口间山坡的地形、地质情况较好的山脊是较好的布线条件。

山脊线的优点是：当山脊条件好时，山脊线一般里程短，土石方工程量小；水文、地质条件好，路基病害少，稳定；地面排水条件好，桥涵人工构造物少。

山脊线的缺点是：线位高，远离居民点，服务性能差；山势高、海拔高、空气稀薄，冬季云雾、积雪、结冰较大，对行车和养护都不利；远离河谷，砂石材料及施工用水运输不便。

3）布线要点

（1）沿河（溪）线

沿溪线的路线布设的首要任务就是充分利用有利条件、避让不利条件。沿溪线布局时，需要解决的主要问题有：路线走河流的哪一岸？路线设于哪一高度？路线在何处跨河换岸？这三个问题是相互联系又相互影响的，路线布设中应抓住主要矛盾，根据公路的性质和技术等级，因地制宜地解决问题。

①河岸的选择

沿溪线两岸的情况并不相同，优缺点并存。适宜布线的优点也不是集中于一侧河岸，选择时应深入调查、全面权衡、综合比较确定。主要应考虑以下几方面因素：

a. 地形、地质与水文条件

路线布线时应优先选择台地较宽、支沟较少、地质水文条件较好的一侧河岸。

b. 气候条件

如果路线处于积雪冰冻地区，山脉的阳坡和阴坡、迎风面和背风面的气候条件差异很大，在不影响路线总体布局的前提下，一般走阳坡面和迎风面比较有利，可以减少积雪和流冰对公路行车的影响。

c. 城镇、工矿和居民点的分布

除高等级公路和国防公路以外，一般路线应优先考虑选在工矿企业较集中、村镇较多、人口较为密集的一岸，以促进山区的经济发展和方便居民出行。

d. 其他因素（如为革命史迹、历史文物、风景区等的联系创造便利条件）。

具备上述有利条件的一岸即为选线时应走的河岸，当有利条件交替出现在两岸时，需要深入调查，进行技术论证和经济比较，最终确定一条合理的方案。

【案例 2-4】

如图 2-5 所示，某一沿溪线开始走条件较好的左岸，但前方遇到两处陡崖，甲方案是对山崖地段进行处理，集中开挖一段石方后，仍坚持走左岸；乙方案是为了避让两处陡崖，而选择了跨河走右岸，但是右岸前方不远处，出现了更长、更陡的山崖，还需要重新再换回到右岸，在约 3km 的路段内，为了跨河，需要修建两座中桥。

对上述两方案进行比较，甲方案技术上可行，经济费用较低，作为终选方案。

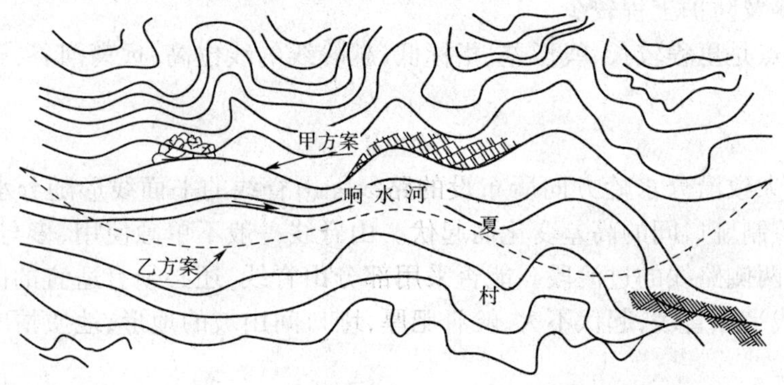

图 2-5　河岸选择方案示意图

②线位的高度

沿溪线线位高度是路线纵面线形布局的问题。路线沿岸布设高度，首先应考虑洪水的威胁。不管是高线位还是低线位，均应在设计洪水位以上的一定安全高度。因此，在选线时应认真做好洪水位调查工作，以确保路线必需的最低线位高度。

低线位：是指高出设计洪水位不多，路基一侧临水很近的布线方案。

低线位主要优点是：一般情况下在山岭地区越靠近河边，地势越平缓。因此低线位有较宽的台地可以利用；地形较好，平面线形较顺适，纵面不需要较大的填挖，容易达到较高的指标；路线低，填方边坡低，边坡较稳定，路线活动的余地较大，跨河时利用有利条件和避让不利条件较容易；养护和施工用水、材料运输均较方便。

低线位主要缺点是：线位低，受洪水威胁大，防护工程较多；山岭区洪水的冲沟越接近山脚，冲积扇越大，水流速度越慢，会形成较多的支沟，低线位一般会在山沟的沟口附近跨越较多的支沟，因此桥涵等构造物较多；路线与农田矛盾较大，处理废方较为困难。

高线位：指路线高出洪水位较多，完全不受洪水威胁的布线方案。

高线位的主要优点是：不受洪水影响；废方易于处理，当采用台口路基时，路基比较稳定。

高线位的主要缺点是：路基挖方往往较大、废方多；由于线位高，路线势必随着山形走势绕行，平面线形指标低；跨河时线位高，构造物长大，工程费用高；支挡、加固工程较多；施工、养护用料取水较困难。

综合比较发现，高线弊多而利少，在洪水位允许、无特殊困难时，一般以低线位为主。当有大段的较高阶地可供利用时，也可结合路线的具体条件，局部路段采用高线位。沿溪线布设时，很难在全线保持一种线位，为了利用有利地形、避让不利地形和地质条件，可能需要交替使用低线与高线，此时注意选择适宜升、降坡展线的地段的利用。

③桥位的选择

沿溪线需要跨河布线时，需要明确两个问题：一是为什么跨河？二是在哪里跨河？一般情况下，如果路线的起讫点在同岸，且距离很近，则不考虑跨河，以免因跨河建桥而增加工程费用。只有当跨河布线或跨河建桥比开挖防护直接布线更为经济时，可考虑跨河，跨河布线常见的原因有：

a. 中间主要控制点的需要。当路线起讫点在河岸两侧，至少必须跨河一次。有时起讫点在同一岸，中间控制点在对岸，则可以考虑两次跨河或支线跨河。

b. 避让严重不良地质地段的需要。当布线遭遇严重的地质病害地段，无法穿越，同岸侧又无法避让时，可考虑跨河避让。

c. 避让艰巨工程的需要。在峡谷中布线时，适宜布线的地形往往交替出现在河谷两岸。为了利用有利地形，避开艰巨的石方工程，提高施工、养护、营运的条件，也可采用跨河两岸交替布线。但必须与其他方案进行经济技术比较，最终选择最优方案。

d. 避让保护区、大型水利工程等重要地物的需要。

e. 路线等级和标准的需要。在高等级公路建设中，为了线形的顺直，当河沟较小、工程量不大时，可选择跨河布线，这样既可以缩短线路，又能够改善线形。

沿溪线跨越河流分为跨主河与跨支流两种情况。跨支流时的桥位选择，一般属于局部方案问题，而跨越主河道时的桥位选择多属于路线布局问题。在桥位选择上，除了考虑地质水文情况，还要特别注意处理好桥位与路线的关系。对于跨越主河的桥位，是确定路线走向的控制点。当路线走向与河流接近平行时，如何利用地形并使桥头路线平顺是选择桥位应考虑的重要因素之一。

【案例 2-5】

如图 2-6 所示，利用河湾附近的有利位置跨越，可以避免路线在桥头处多次转弯，提高了线形质量。但此时应注意防止河曲地段水流对桥台的冲刷，采取必要的防护措施。

如图 2-7 所示，将跨河位置选在“S”形河段的腰部，使桥头线形得以显著改善。

如图 2-8 所示改善桥头线形的情况。路线跨越河流，若没有河曲或“S”形河段可利用时，由于沿溪线与河谷走向平行，在跨主河时往往形成“之”字形路线，桥头平曲线半径较小，线形差。对于中、小桥可用适当斜交的方法改善桥头线形。

对于大桥不宜斜交时，可对桥头路线适当处理，形成勺形桥头线。如图 2-8b）所示，可改善桥头线形，争取较大半径。

④特殊河谷地段的布线

开阔河谷岸坡平缓，一般在坡、岸之间有较宽的台地，且布有农田。路线可分为以下 3 种走法：

a. 沿河线。如图 2-9 中的实线方案。路线坡度均匀平缓，并对保村护田有利。但一般路

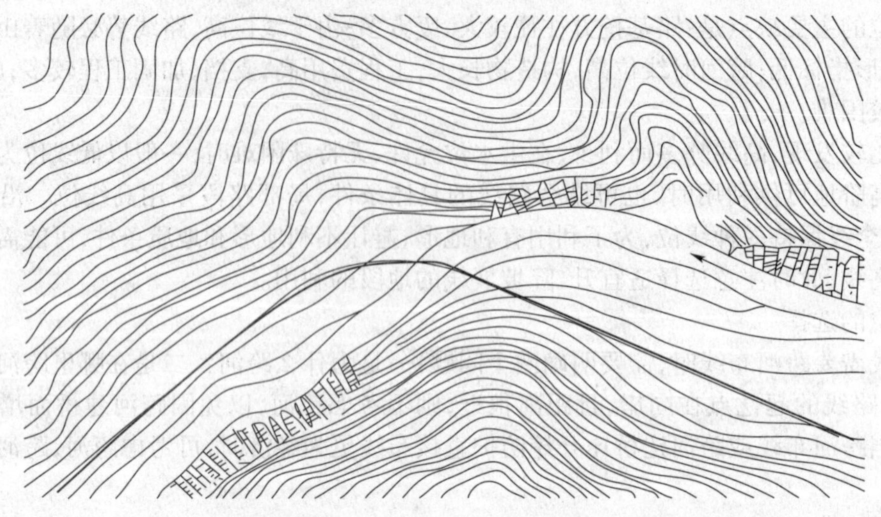

图 2-6　利用河曲跨越河流

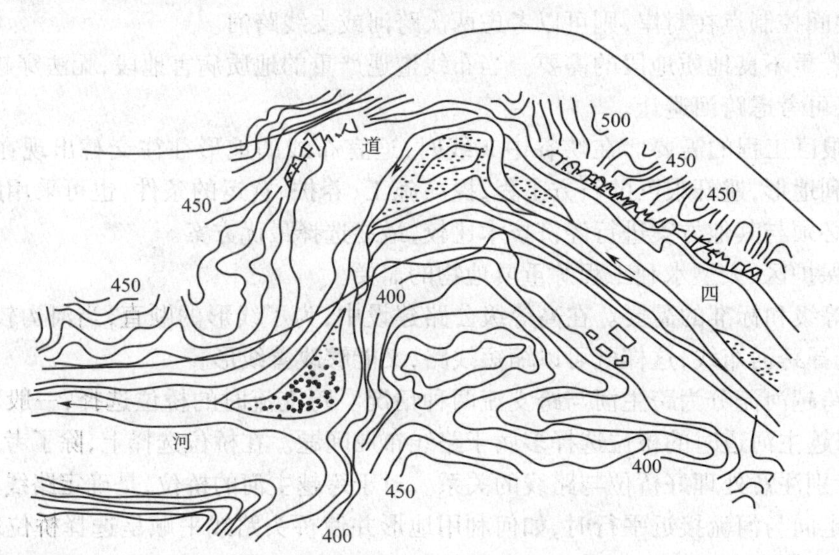

图 2-7　利用“S”形河段跨跨越河流

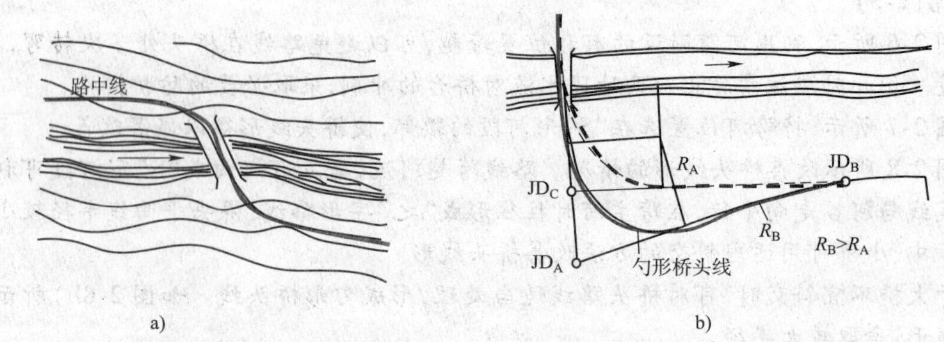

图 2-8　桥头线形处理

a)斜交改善线形；b)勺形桥头线

线较长，路基受洪水威胁较大，防护工程大。

b. 傍山线。如图 2-9 中点画线方案。占田少，路基远离河岸，故较稳定且无防护工程。但纵面线形略有起伏，土石方工程稍大。是常采用的一种方案。

c. 中穿线。如图2-9中的虚线方案。线形好，路线短，标准较高。但占田较多，路基稳定性差，施工时需换土，一般不宜采用。

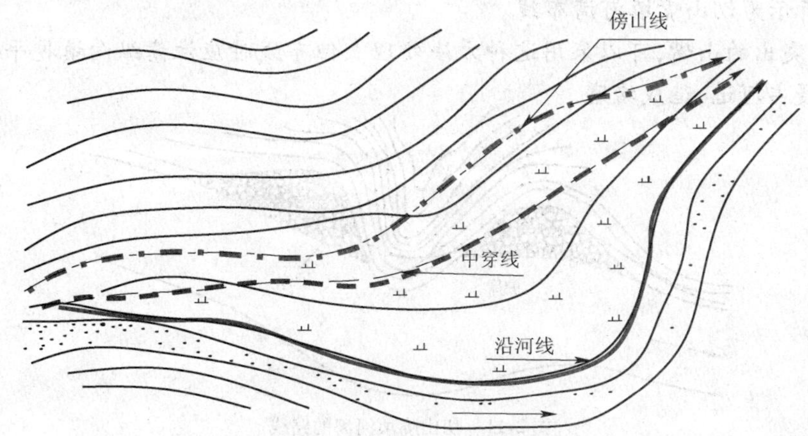

图2-9　开阔谷地布线方案示意图

【案例2-6】

如图2-10所示山嘴或河湾路线布线。

当路线遇到山嘴时，可采用以下两种方式布线。

(1)沿山嘴自然地形绕行。这种路线由于线路展长，在坡度受限地段有利于争取高度(隧道除外)，但容易受到不良地质的危害和河流冲刷的威胁，路线的安全条件较差，如图2-10a)所示。

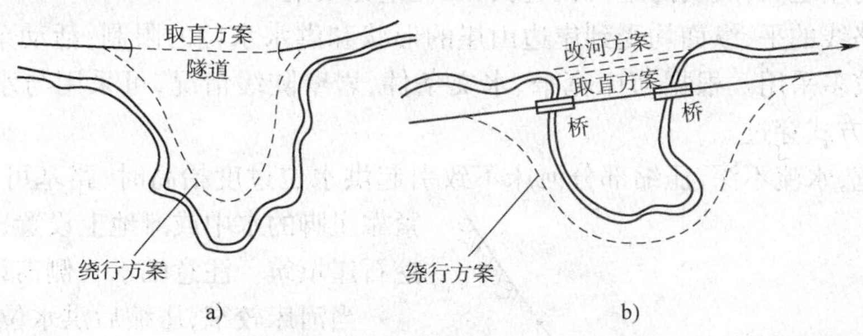

图2-10　山嘴、河流路线方案示意图

a)山嘴；b)河湾

(2)以路堑或隧道的方式取直通过。这种布线方式路线的优点是短捷顺直，安全条件良好。但隧道过长时，工程造价较大，应与其他方案必选确定。一般情况下，如果取直和绕行方案的工程量相等或接近时，应优先选择取直。

当路线遇到河湾时，可以采用沿河绕行、建桥跨河和改移河道3种方式，如图2-10b)所示。

(1)沿河绕行。绕行路线曲折迂回，岸坡陡峭，水流的冲刷现象严重，路基防护工程大，路线的安全条件差。

(2)建桥跨河。这种布线方式路线距离最短，对周边的生态环境的影响最小。但工程量较大。

(3)改移河道。这种布线方式裁弯取直，路线短，安全条件好。但要注意与农田水利建设相结合。

无论是建桥还是改移河道，均应该根据地形、地质、水文条件细致研究。

具体定线时，等级较高的道路宜取直，以争取较好的线形指标。等级较低的道路则应综合考虑技术、经济条件比较确定。

图 2-11 所示为切山嘴填河湾布线。

对于个别突出的山嘴，可以采用这种方法处理。但布线时应注意纵向填挖平衡，注意废方的处理，避免侵占河道，造成堵塞。

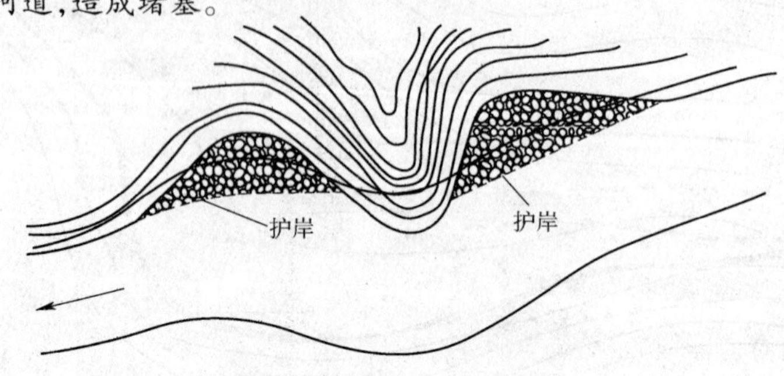

图 2-11　切山嘴填河湾的路线

⑤陡崖峭壁河谷

山区河谷中时常会有河床狭窄，水流湍急的峡谷河段，两岸交替出现陡崖峭壁。当路线通过这种地段时，一般有绕避和穿过两种方案。

a. 绕避。绕避一般适用于低等级道路，方法有两种：一种是翻上峡谷陡崖的顶部，选择有利的地带通过。这种方法需要崖顶有可供布线的地形。另一种是另辟越岭线。需要河段附近有基本符合路线走向的低垭口。这两种方法纵断面均是上而复下，需要有合适的地形过渡。而且上下线位高差越大，展线的距离就越长，工程量比较集中。

b. 穿越。路线的平、纵面均受到岸边山崖的形状和洪水水位的限制，活动余地不是很大，低线位布线时较多采用。根据河床宽窄、水文条件、岩壁陡缓情况，可采用与水争路、侵河筑堤；硬开石壁的方式穿过。

当河床较宽，水流不深，压缩部分河床不致引起洪水位过度抬高时，路基可全部或大部分紧靠崖脚的水中或滩地上设置，借石或少量开挖石崖填筑。注意临水一侧需设置防护工程。

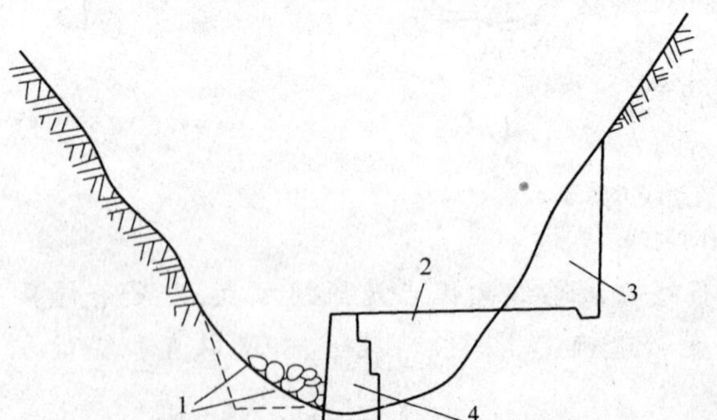

图 2-12　路基侵占部分河床示意图
1-清除；2-填筑路基；3-开挖；4-浆砌挡墙

当河床较窄，压缩后洪水位有较大的太高时，可采用“开砌”结合的方式占用部分河道。即路基填石防护所占用的泄水面积应从对岸河槽开挖中补偿，如图 2-12 所示。

当岩陡壁高、河床较窄时，可根据地质条件、施工技术力量，通过技术经济比较考虑可考虑在石壁上开挖出路基形成半山洞，或采用隧道、半山桥及悬出路台等措施通过，如图 2-13所示。

(2)越岭线

越岭线布设应解决的主要问题是垭口选择、过岭高程的确定和垭口两侧路线展线方案的拟定。这三者是相互联系、相互影响的，布设时应综合考虑。

①垭口的选择

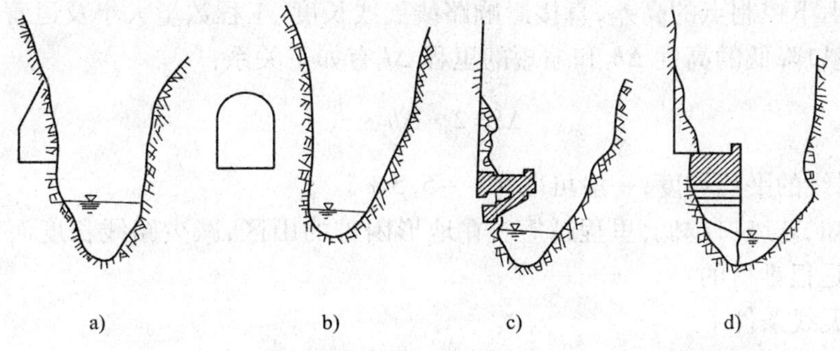

图 2-13　硬开石壁特殊措施示意图

a)半山洞;b)隧道;c)悬出路台;d)半山桥

垭口是分水岭山脊上的凹形地带(又称鞍部),由于高程低,常常是越岭线的重要控制点。

垭口选择应在符合路线总方向的前提下,综合考虑各方面因素,根据垭口的位置、高程,以及垭口两侧地形、地质等条件反复比较确定。

图 2-14　太行山王莽岭公路

a. 垭口的位置

垭口位置的选择应在符合路线基本走向的前提下,与两侧路线展线方案一起考虑。首先选择高程较低、而且展线后能很快与山下控制点直接相连的垭口。其次再考虑稍微偏离路线方向,但是接线较顺、增加路线里程不多的垭口。见图 2-14。

【案例 2-7】

如图 2-15 所示,A、B 控制点间有 C、D 两个垭口。

从平面位置看,C 垭口在 AB 直线上,D 垭口稍微偏离在 AB 直线方向,但从符合路线基本定向来看,穿 D 垭口比穿 C 垭口反而展线短些,而且平面线形较好。因此,D 垭口比 C 垭口更有优势。

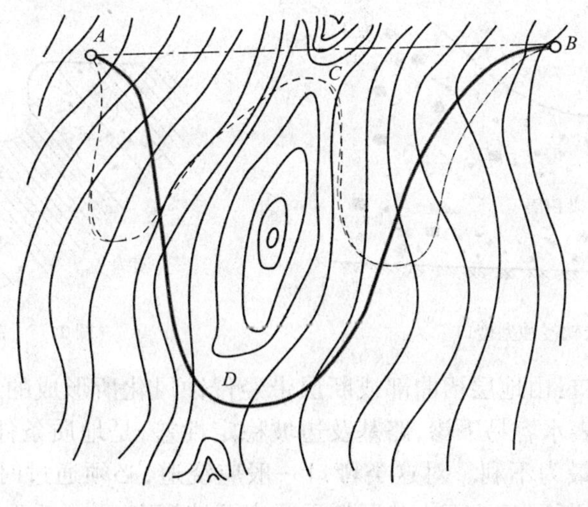

图 2-15　垭口位置的选择

b. 垭口的高度

垭口与其山下控制点的高差，直接影响路线展线长度、工程数量大小及运营条件。在展线条件相同时，垭口降低的高度 Δh 和缩短的里程 Δl 有如下关系：

$$\Delta l = 2 \cdot \Delta h \cdot \frac{1}{i_{均}} \tag{2-1}$$

式中：$i_{均}$——展线的平均坡度，一般可取 5% ~5.5%。

由上式可知，若垭口越低，里程越短。在地形困难的山区，减少路线长度而节省的工程造价和运营费都是很难得的。

c. 垭口的展线条件

山坡线是越岭线的重要组成部分。而山坡坡面的曲折与陡缓、地质的好坏等情况直接关系到路线的标准和工程量的大小。因此，垭口选择要与侧坡展线条件结合考虑。选择时，如有地质稳定、地形平缓有利于展线的侧坡，即使垭口位置略偏或垭口较高，也应比较，不要轻易放弃。

②越岭高程

越岭高程是越岭线布局的重要控制因素。不同的控制高程，不仅影响工程大小，路线长短，线形标准。而且直接关系到垭口两端的展线布局。决定越岭高程的因素：

a. 垭口及两侧的地形

当越岭地段山坡平缓，垭口又宽厚时，一般宜采用展线的方式翻越山岭。

b. 垭口的地质条件

垭口通常是地质构造薄弱，常有不良地质现象的山脊凹陷地带。地质条件较差的垭口有以下类型：

Ⅰ. 松软土侵蚀型垭口：如图 2-16 所示，由于坡积或沉积形成的土层，经长期侵蚀而形成的山脊低凹地。当土质松软、地下水较严重时，不宜深挖。并在可能条件下尽量绕避。

Ⅱ. 软弱岩层垭口：如图 2-17 所示，在单斜硬软岩交互层的地带，软岩层经雨水和风化作用长期侵蚀形成的垭口。从外形看。垭口一般不对称。一般岩层外倾侧的边坡渗水性强、稳定性差，常引起顺层滑坡，不宜深挖。

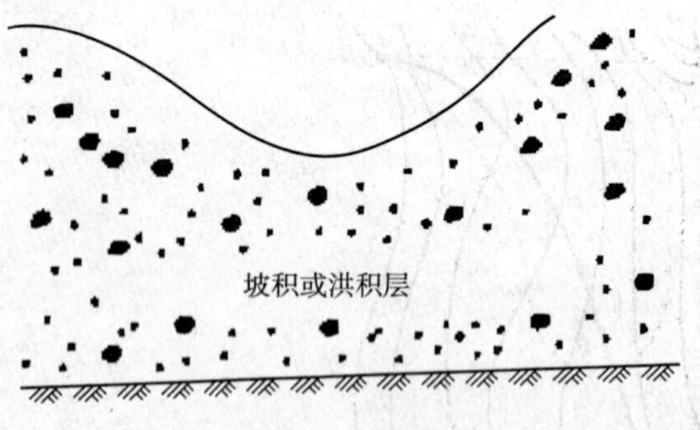

图 2-16　松软侵蚀型垭口

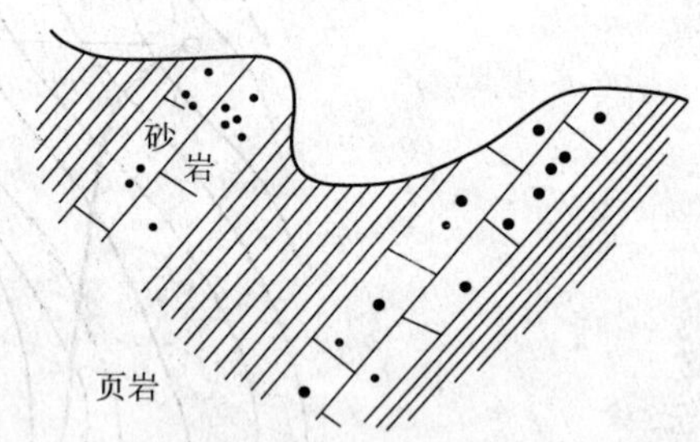

图 2-17　软弱岩层垭口

Ⅲ. 构造破碎带垭口：由地层褶曲部或断层带经侵蚀风化所形成的垭口，如图 2-18 所示。这类垭口岩层破碎、地表水容易下渗，路基及边坡稳定性差，是地质条件最差的地带。特别是图2-18b)、c)两种垭口最为不利。对这类垭口一般应绕避，必须通过时，不能深挖，并结合岩层破碎程度、风化情况、断层及地下水状况慎重决定开挖深度，并要采取加固及排水措施。

③越岭方式选择

a. 浅挖低填垭口

当越岭地段的山坡平缓、容易展线、垭口地带的地形宽而且厚时，宜采用浅挖或低填的形式通过，越岭高程与垭口高程基本保持一致。

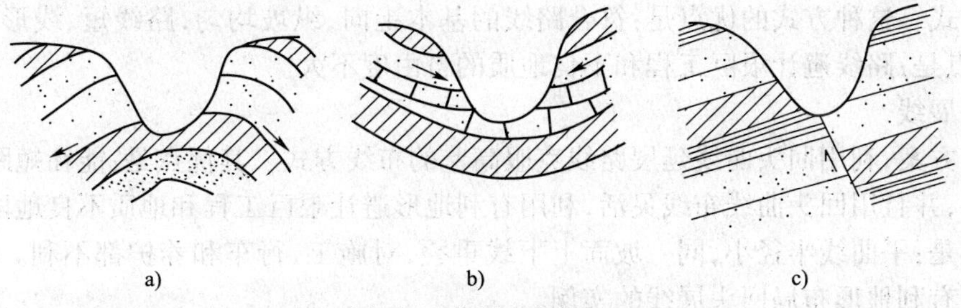

图 2-18 构造破碎带垭口

a）背斜侵蚀垭口；b）向斜侵蚀垭口；c）断层破碎带垭口

b. 深挖垭口

当垭口比较瘦削时，常采用深挖的方式通过。虽然深挖处的土石方数量集中，但有效地减低了越岭高程，缩短了展线长度，而且改善了行车条件。深挖的程度应视地形、地质、气候等条件，以及展线对越岭高程的要求而定，一般不要超过 20m。此时的越岭高程为深挖后的高程。

c. 隧道穿越

当垭口地挖深较大，超过 30m 以上时，应与隧道方案相比较。隧道穿越山岭具有里程短、纵坡小、线形好、有利于行车、战时隐蔽、受自然因素影响小、路基稳定等特点。特别在高寒地区，隧道穿山，海拔低，不受冰冻、积雪等的影响，大大改善了运营条件。

在采用隧道方案时，应注意以下几点：

Ⅰ. 必须做好方案比较，有充分的理由方可采用。主要是修建隧道与缩短路线里程的比较；隧道投资与运营费比较；明挖与隧道方案的比较；施工期限的限制。

Ⅱ. 注意地质问题，隧道是在岩土内的地下建筑物，周围岩体的稳定性直接影响隧道的设计、施工和使用。

Ⅲ. 隧道定位宜选在山脊薄、山坡陡、垭口窄的部位，以缩短隧道长度。

Ⅳ. 在不过分增加工程造价的情况下，尽可能将隧道高程定得低一些，以改善路线条件，发挥隧道优势。

④展线布局

展线就是采用延展路线长度的方法，逐渐升坡克服高差的布线方式。展线的基本形式有以下 3 种，如图 2-19 所示。

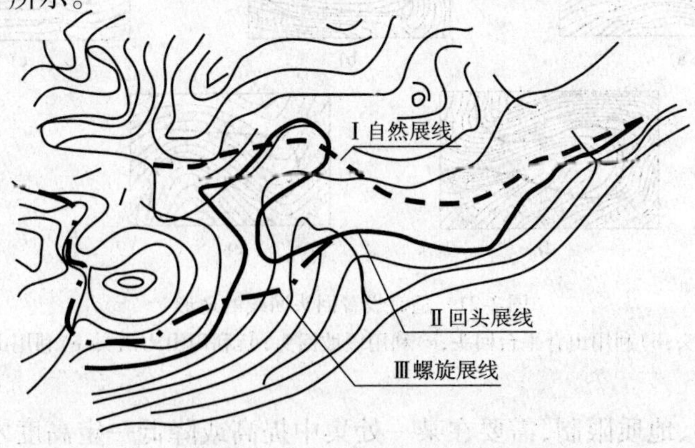

图 2-19 越岭线展线方式

a. 自然展线

图中Ⅰ方案，当山坡平缓、地质稳定时，以适当的纵坡，绕山嘴、沿侧沟来延展路线、克服高差的展线方式。这种方式的优点是：符合路线的基本走向，纵坡均匀，路线短、线形好、技术指标较高；缺点是：路线避让艰巨工程和不良地质的自由度不大。

b. 回头展线

图中Ⅱ方案，利用回头曲线延展路线克服高差的布线方式。其优点是：能在短距离内克服较大的高差，并且用回头曲线布线灵活，利用有利地形避让艰巨工程和地质不良地段的自由度较大。缺点是：平曲线半径小，同一坡面上下线重叠，对施工、行车和养护都不利。图2-20所示的是利用有利地形布局回头展线的实例。

图2-20　回头展线实例

回头位置对于回头曲线的线形和工程大小以及展线布局有很大关系，选择时应多调查、多比较。回头地点在满足展线布局的前提下，宜选在地面横坡平缓，地形开阔，以使上下线路能布置的地点；相邻回头曲线间距应尽量拉长，以减少回头的次数，利用时要与纵坡安排相结合，既不因回头位置过高利用不上，也不要使其位置过低，而使纵坡损失过大而增长路线。

一般较肥厚的山包、山脊平台、平缓的山坡、山沟、山坳均是回头的有利地形。如图2-21所示的地形均适合于布置回头曲线。

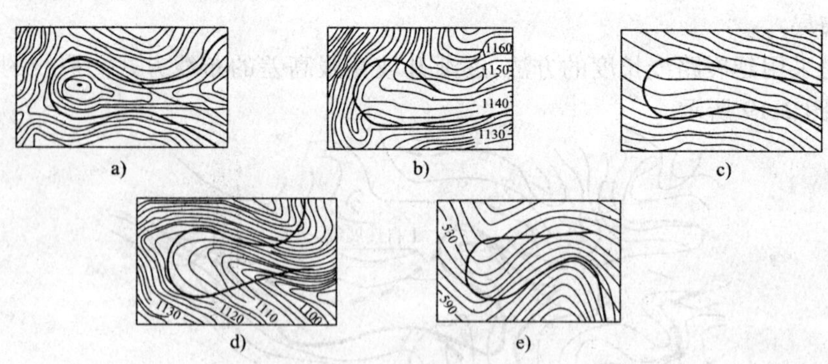

图2-21　适宜设置回头回线的地形

a)利用山包回头；b)利用山脊平台回头；c)利用缓坡回头；d)利用山沟回头；e)利用山坳回头

c. 螺旋展线

当路线受到地形、地质限制，需要在某一处集中提高或降低一定高度才能充分利用前后的有利地形时，可以采用螺旋展线的方式。这种展线的路线转角大于360°，其优点是：路线利用有利的山包或瓶颈形山谷，在很短的平面距离内就能克服较大的高差，它虽比回头曲线有较好和线形，避免了路线的重叠；缺点是：需建桥或隧道，工程造价高。

螺旋展线可有上线桥跨和下线隧道两种方式，如图 2-22 所示。

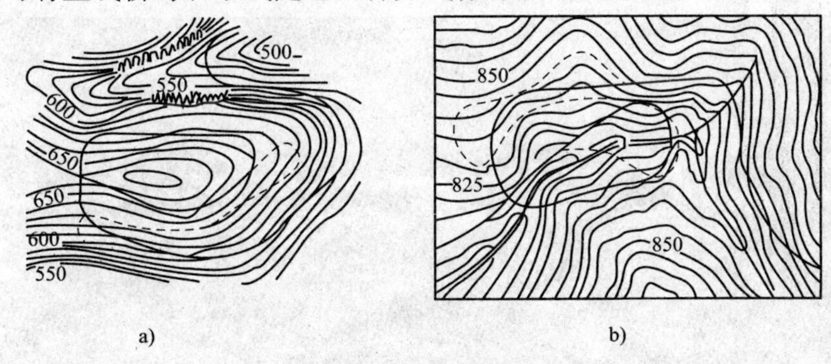

图 2-22 螺旋展线

a）上线桥跨；b）下线隧道

以上 3 种展线形式中，一般应首先考虑采用自然展线，不得已时采用回头展线。螺旋展线因为需要修建隧道或是高、大桥，因此目前在道路选线上还没有成为重要的展线方式，而仅作为回头展线的一种变式。必须采用时，应根据路线的性质、任务，与回头展线方式进行详细的比较。

【案例 2-8】

如图 2-23 所示，拟在 *AB* 两点之间修建一条路线，请根据图示条件拟订布线方案。

根据图示情况可以看出 *AB* 两点地处山岭地区，布线方案可选择越岭线和沿溪线两种方案。方案Ⅰ是越岭线。先展线升坡至垭口，穿越垭口后再展线降坡而下。这种布线方式需要合适的地形条件和合适的垭口。路线不受水的威胁，防护工程数量少。但局部路段纵坡较大，线形较差。方案Ⅱ、Ⅲ属于沿溪线。方案Ⅱ利用河岸的坡地，采用自然展线的方式布线。线形与地形相适应。这种方式对地形有一定的要求，需要保证路基的稳定，必要时需要设置防护工程。方案Ⅲ为了利用宽阔的河岸，选择了两次跨河。线形顺畅，纵、横断面线形均比方案Ⅰ、Ⅱ好，但增加了两座桥，相比之下，工程造价较高。

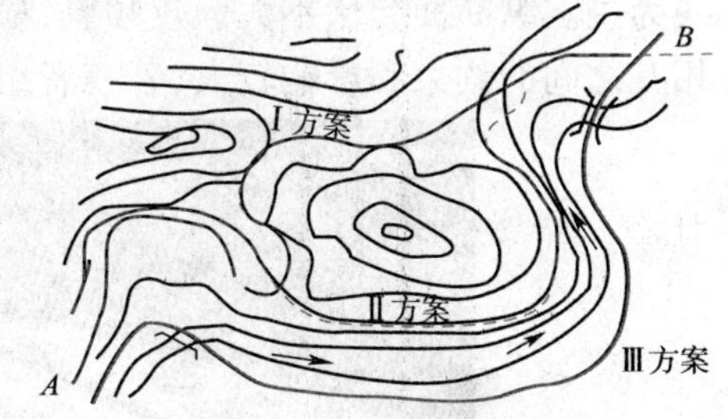

图 2-23 山岭区布线方案

3. 丘陵区选线

1）自然特征

丘陵区是介于平原区和山岭区之间的地形，其地形特征是山丘连绵、岗坳交错、此起彼伏，山丘曲折迂回，岭低脊宽，山坡较缓，相对高差不大。丘陵区包括微丘和重丘两类地形。

微丘区起伏较小，地面自然坡度在 20°以下，山丘、沟谷分布稀疏，坡形缓和，相对高差在 100m 以内，而且有较宽的平地可以利用。

重丘区起伏频繁，相对高差较大，地面自然坡度在 20°以上，山丘、沟谷分布较密，而且具有较深的沟谷和较高的分水岭，路线平、纵面部分受地形的限制。

随着丘陵区地形的起伏，地物的变化也较大。一般丘陵区农业都比较发达，土地种植面积广，种类繁多，低地为稻田，坡地多为旱地或经济林，小型水利设施也较多。居民点、建筑群、风景、文物点及其他设施在平坦地区时有出现，如图 2-24 所示。

2)路线特征

由于丘陵区的山冈、谷地较多,路线走向的灵活性大,可行的布线方案一般比较多,一条路线的最终确定往往需要经过多方案的比较。

图 2-24　丘陵区地形地貌

丘陵区的地形迂回曲折和频繁起伏,因此平面与农林用地和水利设施的矛盾较大,多以曲线为主。纵断面起伏不大但较频繁,横断面的路基形式多以半填半挖为主。平、纵、横三方面相互之间的约束和影响较大,若三者组合合理,则可以提高线形技术标准,如图 2-25 所示。

图 2-25　丘陵区道路

3)丘陵区路线布设要点

丘陵区选线应摸清丘陵地区的地形、地质和水文特点,选择方向顺直、工程量少的路线方案。

(1)微丘地区

微丘地区应充分利用地形,处理好平、纵线形的组合。不应迁就微小地形,造成线形曲折,也不宜采用长直线,造成纵断面线形起伏。

(2)重丘地区

①注意利用有利条件减少工程量

路线应随地形变化布设，在确定路线平、纵面线形的同时，应注意横向填挖的平衡。对于横向坡度较缓的地段，应采用半填半挖或多填少挖的路基形式。对于横向坡度较陡的地段，可采用全挖或挖多少填的路基形式。但应注意挖方的边坡坡度，不要因为挖方边坡过高、过陡而造成失稳。同时还应该注意纵向土、石方平衡，以减少废方和借方。

②注意平、纵、横综合设计

应注意避免只考虑纵坡平缓，而使路线平面弯曲。也不应只考虑平面顺直，纵面平缓，而导致高填深挖，工程量过大。也不能只讲经济，过分迁就地形，致使平、纵面线形指标过多的采用极限或接近极限指标。

③注意少占耕地，不占良田

丘陵地区的种植耕地种类较多，分布较广。因此布线时需慎重，尽量做到少占农田，不占经济林园。

a. 当路线经过个别高台地或山鞍时，应结合地质、水文条件，做好开挖还是建设隧道的方案比较，以节约耕地或避免病害。

b. 当路线跨越宽阔沟谷或洼地时，应结合用地的要求，本着节约的原则做好旱桥与高填的方案比较。

c. 注意修建桥涵要符合农田灌溉及水利设施的要求，避免引起水害，冲毁或淹没农田。

④注意避让地质不良地段

遇到地质不良地段，首先应该考虑绕避。并采取相应必要的工程防护措施及排水设施，确保边坡及路基稳定。

当遇到冲沟比较发育的地段时，高等级公路可采用高路堤或高架桥的方式直穿，低等级公路则适宜采用绕越方案。

4）丘陵区路线布设的方式

根据地形情况的不同一般按三类地带分段布线，如图 2-26 所示，其要点如下：

（1）平坦地带——走直线

两控制点之间的地势平坦，一般按平原区以方向为主导的方式布线。如果没有地物、地质或风景、文物等障碍物，一般应按直线布线。如有障碍等，则应加设中间控制点，设置转折小、半径较大的长缓曲线为主。

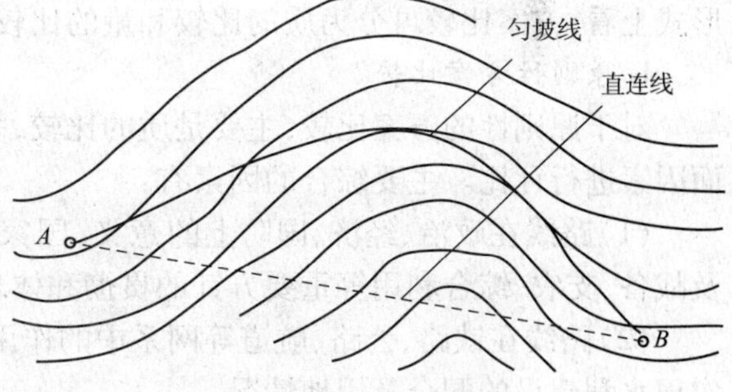

图 2-26　丘陵区布线方案

（2）陡坡地带——走匀坡线

“匀坡线”是指在两点之间，沿自然地形以均匀坡度确定出地面点的连线。匀坡线是通过多次试坡后才可得到。当两控制点之间无障碍等因素影响时，可直接按匀坡线布设。若有障碍等，则应在障碍处加设中间控制点，分段按匀坡线控制。

（3）起伏地带——走直连线与匀坡线之间

起伏地带地面横坡较缓，所谓“走中间”就是路线在匀坡线和直线之间选择平面顺适，纵面均衡的合理路线。

【案例 2-9】

如图 2-27 所示，拟订某一丘陵区 AB 路段的路线方案。

根据图所示，A、B位于两相邻梁顶处，中间为一坳谷，构成一组起伏地带。如果路线由A至B硬拉直线，路线虽然短，但纵坡起伏大，线形差，势必出现高填深挖，增大工程量。如果沿匀坡线走，则纵坡度平缓、均匀，但路线会增长很多，平面线形较差，不够理想。

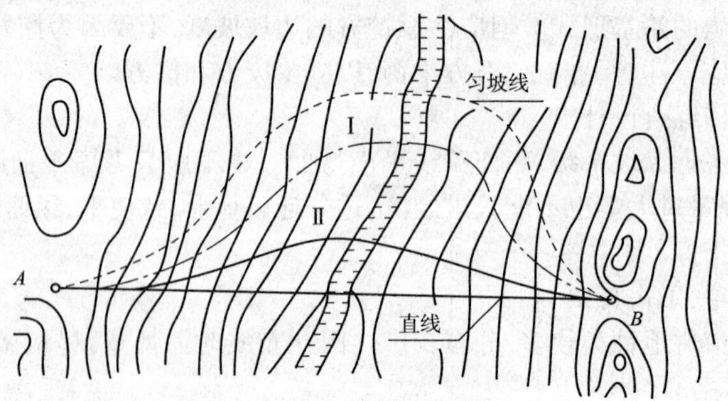

图2-27　丘陵区路线布线方案示例

如果路线布设于匀坡线与直线之间，如图2-27中的Ⅰ方案或Ⅱ方案。比直线的起伏小，比匀坡线的距离短，使用质量有所提高，工程造价有所降低，是较合理的布线方案。

至于路线在直线及匀坡线之间的具体位置要根据公路等级，结合地形作具体分析，从平、纵、横断面协调来确定。

三、方案比选

方案比选是选线中确定路线总体布局的有效方法，在可能布局的多种方案中，通过方案比较和取舍，选择技术合理、费用经济、切实可行的最优方案。路线方案的取舍是路线设计中的重要问题，方案是否合理，不仅关系到公路本身的工程投资和运输效率，更重要的是影响到路线在公路网中的作用，直接关系到是否满足国家政治、经济及国防的要求和长远利益。

根据方案比较的深度上的不同，可分为原则性方案比较和详细的方案比较两种。从比较形式上看，方案比较可分为质的比较和量的比较。

1.原则性方案比较

对于原则性的方案比较，主要是质的比较，多采用综合评价的方法，这种方法是综合各方面因素进行评比。主要综合的因素有：

(1)路线在政治、经济、国防上的意义，国家或地方建设对路线使用任务、性质的要求，以及战备、支农、综合利用等重要方针的贯彻和体现程度。

(2)路线在铁路、公路、航道等网系中的作用，与沿线工矿、城镇等规划的关系以及与沿线农田水利建设的配合及用地情况。

(3)沿线地形、地质、水文、气象、地震等自然条件对公路的影响，要求的路线等级与实际可能达到的技术标准及其对路线的使用任务、性质的影响；路线的长度、筑路材料的来源、施工条件以及工程量、三材(钢材、木材、水泥)用量、造价、工期、劳动力等情况及其运营、施工、养护的影响，以及施工期限长短等。

(4)路线与沿线历史文物、革命史迹、旅游风景区等的联系。

影响路线方案选择的因素是多方面的，而各种因素又多是相互联系、相互相影响的。路线在满足使用任务和性质要求的前提下，应综合考虑自然条件、技术标准、技术指标、工程投资、施工期限和施工设备等因素，精心选择、反复比较，才能提出合理的推荐方案。

2. 详细的方案比较

详细的方案比较是在原则性方案比较之后进行的量的比较，它包括技术和经济指标的详细计算。一般多用于作局部方案的分析比较。

1）技术指标的比选

（1）路线长度及其延长系数及路线技术延长系数

路线总延长系数 λ_0 为：

$$\lambda_0 = \frac{L}{L_0} \tag{2-2}$$

式中：L——路线方案的实际长度（m）；

L_0——路线起、终点间的直线距离（m）。

路线技术延长系数 λ_1 为：

$$\lambda_1 = \frac{L}{L_1} \tag{2-3}$$

式中：L_1——路线方案中各大控制点间的直线距离（m）。

（2）转角数

转角数包括全线的转角数 n（个）和每公里的转角数（个/km）。

（3）转角平均度数

转角是体现路线顺直的一种技术指标。转角平均度数按下式计算：

$$\alpha = \frac{\sum_{i=1}^{n} \alpha_i}{n} \tag{2-4}$$

式中：α——转角平均度数（°）；

α_i——任一转角的度数（°）；

n——全线的总转角数。

（4）最大与最小平曲线半径（m）

（5）回头曲线的数目（个）

（6）最大与最小纵坡

（7）最大与最小竖曲线半径（m）

（8）与既有公路及铁路的交叉数目（包括平面交叉和立体交叉）

（9）限制车速的路段长度（指居住区、小半径转弯处、交叉点、陡坡路段等）

2）经济指标的比选

（1）路基土石方工程数量

（2）桥涵工程数量（大桥、中桥、小桥涵的座数、类型及其长度）

（3）隧道工程数量

（4）挡土墙工程数量

（5）征占土地数量及费用

（6）拆迁建筑物及管线设施的数量

（7）主要材料数量

（8）主要机械、劳动力数量

（9）工程总造价

（10）投资成本—效益比

(11)投资内利润率

(12)投资回收期

3. 方案比较步骤

一条较长的路线,可能的方案很多,不可能对每一个方案都进行实地视察和比选。只能事先尽可能收集已有资料,在室内进行筛选,然后就较佳的且优劣难辨的有限方案进行实地视察和比选。一般步骤为:

(1)收集资料;

(2)在小比例地形图上布局路线,初拟方案;

(3)室内初步比选,确定可比方案;

(4)实地视察、踏勘测量(或在地形图上进行);

(5)进一步比选,确定推荐方案。

【案例 2-10】

图 2-28 所示为某干线公路,根据公路网规划要求按三级公路标准修建,视察后拟订 4 个方案进行比较,各方案的技术经济指标汇总于表 2-1,请确定推荐方案。

路线方案比较表 表 2-1

指　　标		单　　位	第一方案	第二方案	第三方案	第四方案
通过县市		个	29	29	32	31
路线长度		km	1360	1347	1510	1476
新建		km	133	200	187	193
改建		km	1227	1147	1323	1283
平原、微丘区		km	567	677	512	615
山岭、重丘区		km	793	670	998	861
用地		亩	2287	2869	3136	2890
工程数量	土方	万立方米	382	492	528	547
	石方	万立方米	123	75	82	121
	次高级路面	千立方米	5303	5582	5440	5645
	大、中桥	m/座	1542/16	1802/20	1057/13	1207/15
	小桥	m/座	1084/47	846/54	980/52	1566/82
	涵洞	道	977	959	1091	1278
	挡土墙	m^3	73530	53330	99770	111960
	隧道	m/座	300/1	—	290/1	—
材料	钢材	t	1539	1963	1341	1469
	木材	m^3	18237	19052	18226	19710
	水泥	t	30609	39159	31288	33638
劳动力		万工日	1617	1773	1750	1920
总造价		万元	81015	85110	77835	89490
比较结果			推荐			

比选结果:第三、四方案过于偏离总方向,较第一、二方案增加了 100 ~150km,虽能多联系两三个县市,但对发展地区经济起的作用不大。而且第三方案线形指标较低,将来改建难以利

用原有路线；第四方案又与现有高压电缆线连续干扰，不易解决。因而第三、四方案不宜采用。第二方案虽路线最短，但与铁路干扰严重，施工不方便，且占地较多，最后推荐路线较短，线形标准较高，用地最省，造价也较低的第一方案。

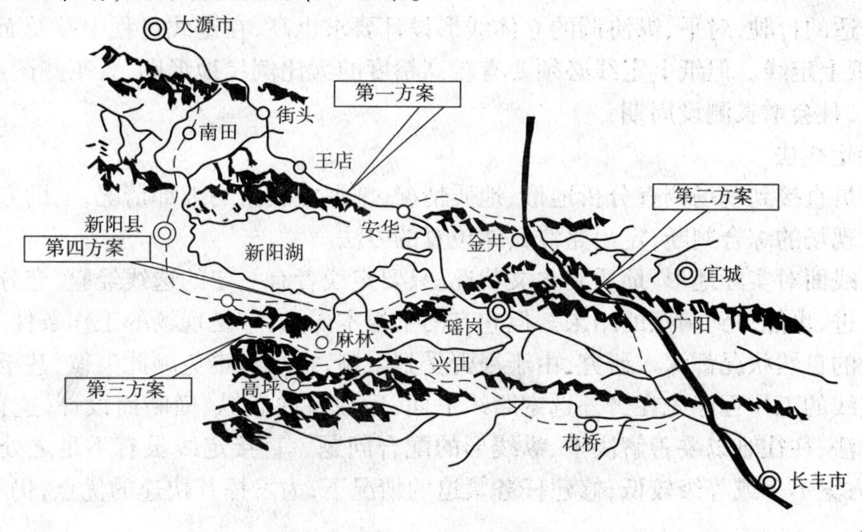

图2-28　路线比选

任务二　公路的定线

一、基本知识

1. 定线的目的、任务和意义

定线是在选线布局的基础上具体定出道路中线位置的工作过程。道路定线的基本任务是在选线布局确定的“路线带”范围内，按照既定的技术标准，结合细部地形、地质等自然条件，综合考虑路线平、纵、横三方面的合理安排，确定道路中线的准确位置。其内容包括确定交点和曲线定线两项工作。

定线在道路设计中起有关键的作用，不仅要解决工程和经济的问题，而且还要充分考虑道路与生态环境的关系，道路与周围环境的配合与协调，道路自身线形的技术要求，以及车辆行驶时驾驶员的视觉、心理要求等问题。

道路定线是一项复杂、面广、技术要求很高的工作。定线时除了受地形、地质、地物等限制外，还受技术标准、国家政策、社会影响、道路美学、风俗习惯等因素的约束。因此，设计人员必须具有广博的知识和熟练的定线技巧，同时还应具备不怕麻烦、精益求精的态度。实际工作中，复杂条件下的定线需要进行方案比选来确定最优方案。

2. 定线的方法

常用的定线方法有直接定线和纸上定线两种。

1）纸上定线

纸上定线法是在路线带的大比例尺（1:1000～1:2000）地形图上，找出控制路线的所有特征点。考虑平、纵、横的协调，并通过试绘试算和反复修改定出路线的位置。纸上定线是公路定线过程中的一个中间步骤，最终还要把纸上路线敷设到实地上去。这种方法适用于技术标准高、地形复杂地区的路线。

纸上定线可以从图上俯视较大范围的地形情况,能比较容易地找出所有控制路线的特征点,深入细致地研究一切有利和不利条件,以做出不同的方案。定线者在室内对所有方案进行比选,能够较好地解决路线平、纵、横的协调配合。高速公路由于线形标准高,为保证汽车快速、安全、舒适的行驶,对平、纵协调的立体线形设计要求也高,在定线过程中涉及面广,工作量大,多采用纸上定线。但纸上定线必须要有较高精度的大比例尺地形图,人工测图不仅精度难以满足要求,且会增长测设周期。

2)直接定线法

定线人员直接到现场调查分析地形、地质情况,掌握定线带的细部情况,借助方便的仪具,凭定线者对现场的综合判断,定出路线具体位置的方法。

直接定线面对实际地形、地质和水文状况,只要定线者有一定的选线经验,充分掌握资料,反复试验改进,也能得到满意的结果。但它有两个根本弱点:一是现场的工作条件不允许定线者对每一处的自然状况都深入研究,由于视野受到限制,定线时难免顾此失彼,甚至判断错误。二是直接定线的工作程序先在野外选定路线平面,后在室内做纵、横断面设计,这种室内外分开的工作方法,往往难以妥善解决平、纵线形的配合问题。直接定线虽有不足之处,但在地形简易、路线方案不多或等级较低,修建任务紧迫的情况下,为发挥其快速的优点,仍不失为一种重要的方法。

在公路选线的各个工作阶段都需要掌握详细的地形、地质资料,并需要处理大量的数据。

二、定线的实施

1. 定线的步骤

1)纸上定线

纸上定线是指在1:1000~1:2000的大比例尺地形图上确定道路中线位置的方法。地形图范围大,视野开阔,定线人员在室内就可以定出合理的路线。

不同的地形定线时侧重点不同。平原、微丘区地形平坦,路线一般不受坡度的限制,定线时主要是正确绕避平面上的障碍,力争控制点间路线短捷顺直。山岭重丘区地形复杂,地面横坡陡峻。为了利用有利地形避让艰巨工程、不良地质地段等,受纵坡限制较严,因此山岭重丘区定线,纵坡是关键。

(1)平原、微丘区纸上定线步骤

①定导向线。在选线布局确定的控制点之间,根据平原、微丘区路线布设要点,通过比较分析,确定可以穿越、接近和绕避的点以及活动范围,建立中间导向点。

②试定路线导线。参照所定导向点试穿一系列直线,并交汇出交点,作为初定路线导线。

③初定平曲线。读取交点坐标计算或直接量测转角和交点间距,初定圆曲线半径和缓和曲线长度,计算曲线要素。

④定线。检查各项技术指标是否满足《标准》要求,以及平曲线线位是否合适,不满足时应调整交点位置或圆曲线半径或缓和曲线长度,直至满足技术《标准》的要求。

(2)山岭、重丘区纸上定线步骤

①定导向线。

a. 分析地形,找出各种可能的路线走向。在地形图上研究路线布局阶段选定的主要控制点之间的地形、地质情况,选择平缓顺直的山坡、开阔侧沟,适合设置回头的地点等有利地形拟定路线可能的多种走向。

b. 求平距 a，定坡度线。由等高线间距 h 和选用的平均纵坡 $i_{均}$（5% ~5.5%，视地形曲折程度和高差而定），按 $a = h/i_{均}$ 计算等高线平距 a。

c. 确定中间控制点，分段调整纵坡，定导向线。分析坡度线利用地形、避让地物或不良地质情况，找出应穿越或应避绕的中间控制点。

②修正导向线。

a. 试定平面和纵断面。导向线定出直线和平曲线即平面试线，按地形变化特征点量出或读取桩号及地面高程，点绘纵断面图的地面线，参考地面线和前面分段安排的纵坡设计理想纵坡，量出或读取各桩的概略设计高程。

b. 定修正导向线。定修正导向线的目的是用纵断面修正平面，避免纵向大填大挖。在平面试线各桩的横断面方向上点出与概略设计高程相应的点，这些点的连线是具有理想纵线、中线上不填不挖的折线，称为修正导向线。当纵断面上填挖过大时，应进行修改。

c. 定二次修正导向线。定二次修正导向线的目的是用横断面最佳位置修正平面，避免横向填挖过大。对修正导向线各点绘制横断面图，用路基模板逐点找出最经济或起控制点作用的最佳中线位置及其可移动范围。

③定线。

定线是在二次修正导向线的基础上进行。二次修正导向线是一条平面折线，不满足技术标准的要求，为此必须适当取直，并用平曲线连接，定出中线的确切位置。定线必须按照二次修正导向线上各特征点的性质和可活动范围，经过反复试线才能定出满足要求的中线。

【案例 2-11】

如图 2-29 所示，拟在 A、B 两点之间布设一条路线。

（1）拟定方向。通过在地形图上仔细研究地形、地质情况发现，该地区为山岭地区，左侧地形较陡，右侧地形较缓。B 点为可利用的山脊平台，C 点为应避让的陡崖，$A-B-C-D$ 为路线的一种可能走向，需要放坡试线。

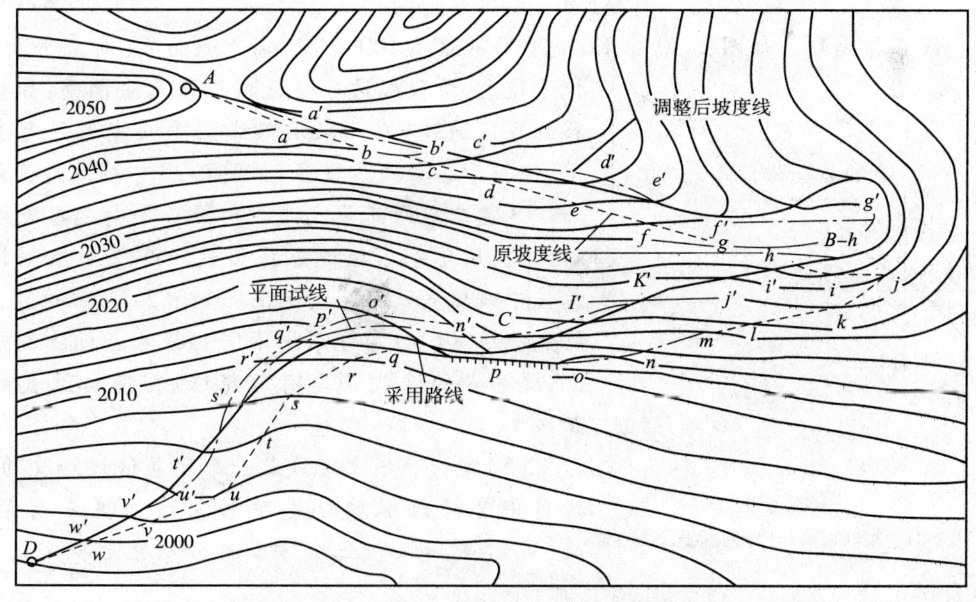

图 2-29　山岭区纸上定线示意图

（2）试坡。选用平均纵坡 5%，根据地形图可知 $h = 2$m，则等高线平距 $a = 2/0.05 = 40$m，根据地形图比例尺 1:2000 可换算出图上距离为 0.02m，即 2cm。使两脚规的张开度为 2cm，从

固定点 A 点开始，沿拟定走向依次截取每一根等高线可得 a、b、c、d 等点，在 B 点附近回头（图中 j 点）后再向 D 点截取。当最后一点的位置和高程都与 D 点接近时，说明该方案成立，否则应修改走法（如改变回头的位置）或调整 $i_{均}$，重新试坡至方案成立为止。

连线 $Aabcd\cdots D$ 为具有平均纵坡的折线，称为匀坡线。

（3）调坡，定导向线。分析匀坡线发现，B 处有利于设置回头的地点未能利用，C 处的陡崖未能避让。若调整 B、C 前后的纵坡（可在最大和最小纵坡间选用，但不宜采用极限值，并且不要出现反坡），就能避开陡崖和利用有利回头的地点，因此将 B、C 定为中间控制点。然后再仿照上法分段调整纵坡试定匀坡线，各段匀坡线的连线 $Aa'b'c'd'\cdots D$ 为具有分段安排纵坡的折线，称为导向线。

（4）修正导向线。

①试定平面和纵断面。参照导向线定出直线和平曲线，即平面试线，按地形变特征点量取或读取桩号及地面高程，点绘纵断面图的地面线，参考地面线和前面分段安排的纵坡设计理想纵坡如图 2-30 所示，量出或读取各桩的概略设计高程。

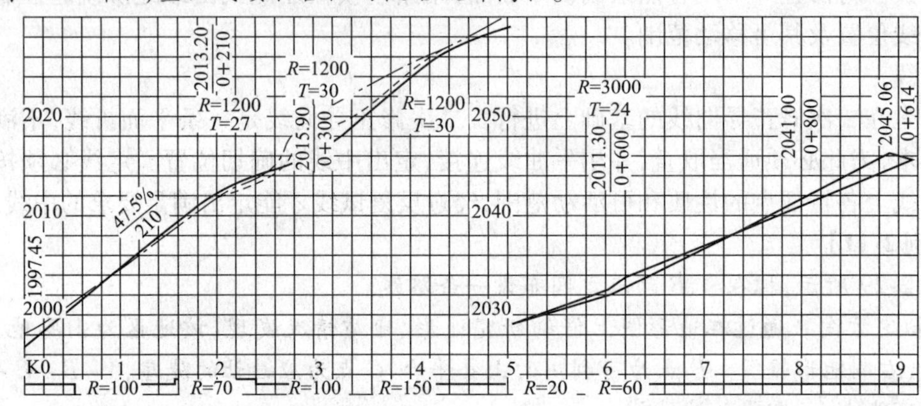

图 2-30　纸上定线纵断面图

②定修正导向线。如图 2-30 中 K0 + 2000 ~ K0 + 400 之间，实地地面线（对应平面试线）挖方较大，该段纵坡已接近极限值无法调整，如将路线移到崖顶通过（平面采用路线），平面线形并无多大变化，但挖方工程减少很多，如图 2-29 中虚线地面线。

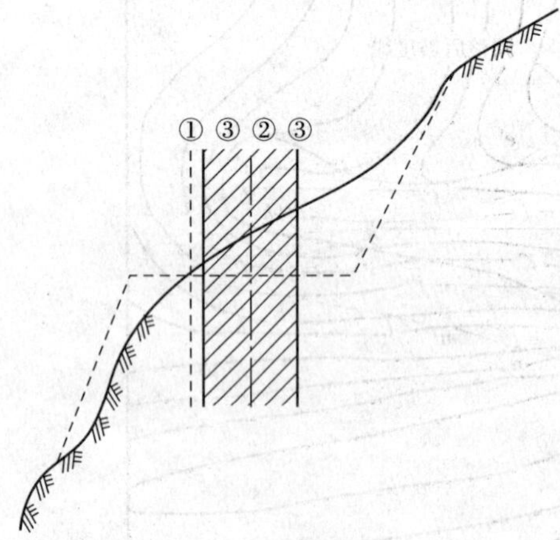

图 2-31　横断面最佳位置示意图

③定二次修正导向线。对修正导向线各点绘制横断面图，用路基模板逐点找出最经济或起控制作用的最佳中线位置及可移动范围。如图 2-31 中的②、③，根据最佳位置的性质分别用不同的符号点标注到平面图上，这些点的连线是具有理想纵坡、横向位置最佳的折线。

（5）定线。纸上定线是一个反复试线修改的过程，操作中是修改纵坡还是改移中线位置或者两者都改，应对平、纵、横三个方面充分研究后确定。

2）直接定线

直接定线是指勘测人员在实地现场确定道路中线位置的方法。平原、微丘区直接定线工作的侧重点和步骤与纸上定线相同，不同之处是交点坐标或转角及交点间距应经实测获得。

山岭、重丘区直接定线，原则上和纸上定线相同。但定线条件不同，工作步骤有所改变。

山岭、重丘区直接定线是采用带角手水准进行的。带角手水准如图 2-32 寻找该坡度上的另一点目标，即放坡测量。下面以山岭区越岭线为例说明直接定线的工作步骤。

(1)分段安排路线

在选线布局阶段所定的主要控制点之间，沿拟定方向用试坡的方法，逐段粗略定出沿线应穿越或应避让的一系列中间控制点，是路线方案更加明确。

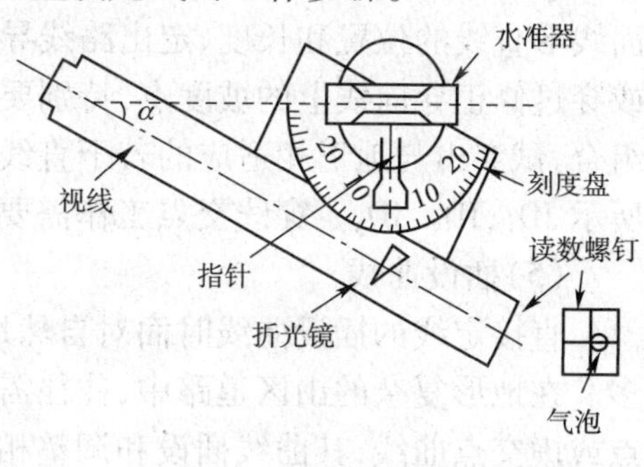

图 2-32 手水准示意图

(2)放坡，定导向线

放坡就是利用手水准在现场定出坡度点的作业过程，其目的是要解决控制点之间纵坡的合理安排问题，实质上就是现场设计纵坡的操作过程。在纵坡安排和选择坡度值时应考虑以下几点：

①纵坡线形要满足《标准》要求，例如坡长限制、缓坡设置、合成坡度等要求，并力求两控制点之间坡度均匀，避免出现反坡。

②结合地形选用坡度。尽可能不用最大纵坡，但也不宜过缓，以接近两控制点间均坡线(平均坡度)为宜，在地形整齐地段可稍大一些，曲折多变处宜稍缓。

放坡由受限较严的控制点开始，按手水准的第二种用法，一人持手水准对好选用纵坡相应的角度站立于控制点处指挥另一持花杆的人在山嘴或山坳等地形变化处，计划变坡处以及顺直山坡每隔一定距离处，上下横向移动，找到二人距地面同高点后定点，插上坡度旗或在地面做标记，以该点为固定点继续向前放坡。如果一边放坡一边进行后续工作，应先放完一定长度(一般不应小于 4 ~5 条导线边长)的坡度点后，利用返程进行下一步操作。通过放坡定出的这些坡度点的连线如图 2-33 中的 $A_0A_1A_2\cdots$，相当于纸上定线的修正导向线，起到指引路线方向的作用，称其为导向线。

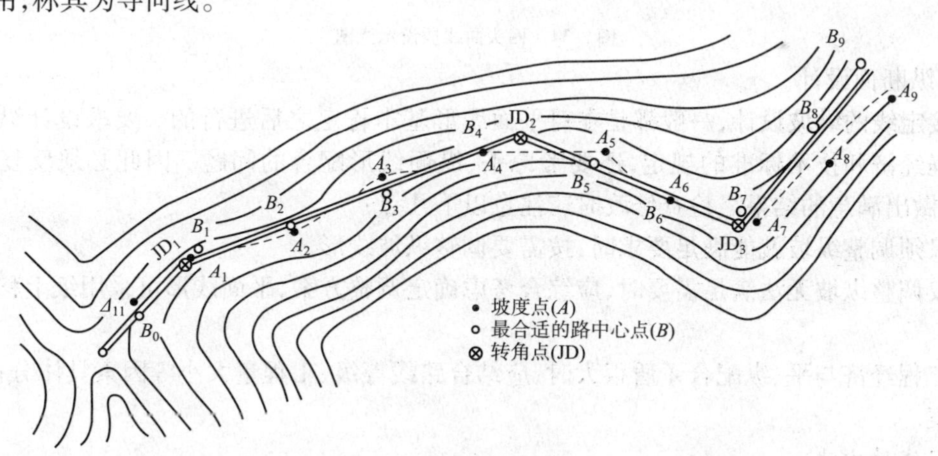

图 2-33 放坡定线示意图

放坡时前找点人应能估计平曲线的大概位置和半径，对因标准限制路线不可能自然绕过的窄沟或山嘴应“跳”过去，而当能够绕行时坡度要放缓，以便坡度折减。

(3)修正导向线

坡度点就是概略的路基设计高程，由于各点的地面横向坡度陡缓不一，平面线位横向移动对路基的稳定的填挖工程量影响很大，故应根据路基设计要求，在各坡度点的横断方向上选定最佳中线位置，插上标记。如图 2-33 所示，$B_0B_1B_2\cdots$点的连线，称为修正导向线，相当于纸上定线的二次修正导向线。

(4)穿线交点

修正导向线是具有合理纵坡、横断面上位置最佳的一条折线。即根据修正导向线确定平面线形直线的位置和长度、定出路线导线并考虑平纵组合问题。所穿直线应尽可能多的靠近或穿过修正导向线上的坡度点,特别要满足控制较严的点,适当的裁弯取直,使平、纵、横合理组合,试穿出与地形相适应的若干直线,延长这些直线交汇出交点,即为路线导线,如图 2-33 所示 JD_1、JD_2、JD_3。穿线交点工作需要定线人员反复试穿和修改才能定出合理的路线。

(5)插设曲线

直接定线的插设曲线时面对自然地形,与纸上定线面对地形图的曲线插设相比要困难得多。在地形复杂的山区道路中,往往需要设置曲线的地方正是地形困难处。对于单交点,双交点或虚交点曲线,其曲线插设和调整相对简单,曲线插设方法与纸上定线方法相同。但回头曲线在现场插设比较复杂,应按照一定步骤插设,以免造成外业返工过多,增加工作强度。

凡设回头曲线的地方,地形对路线都带有强制性。如图 2-34 所示,主曲线和前后的辅助曲线的纵面、平面相互约束很严,稍有不慎,线形就会受到影响,或造成大量的填挖方。因此插设曲线必须反复试插试算,才能取得满意的结果。

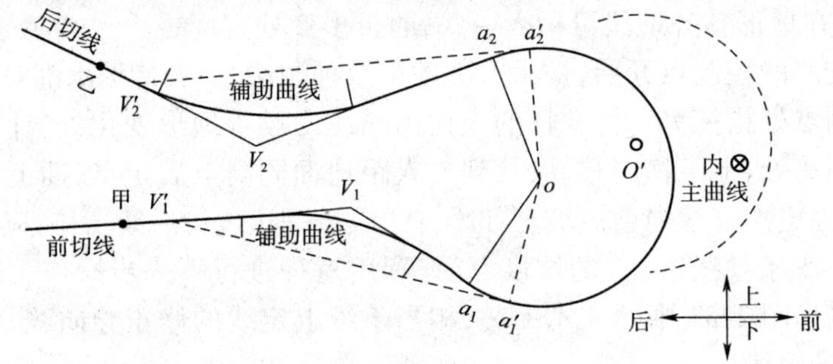

图 2-34　回头曲线插设示意图

(6)纵断面设计

直接定线的纵坡设计,一般都是在对平面线形基本肯定之后进行的。要求设计纵坡不仅满足工程经济和技术标准的规定,还要考虑平、纵面线形配合的问题。因此必须反复试验修改,才能做出满意的结果。检查修改时应注意以下几点:

①只须调整纵坡就能满足要求时,按需要调整纵坡线形。

②仅调整纵坡无法满足需要时,应综合考虑确定调整方案,平面线形可采用纸上移线的方法解决。

③工程经济与平、纵配合矛盾很大时,应结合路线等级、工程量大小等因素具体分析,确定调整方案。

2. 定线的方法

1)直线形定线方法

直线形定线方法是根据控制点或导向线和相应的技术指标,试穿出一系列与地形相适应的直线作为基本线形单元,然后在两直线转折处用曲线予以连接的定线方法,即传统的一直线为主的穿线交点法。路线上每一条直线的方向,平原、微丘区应以布局确定的控制点为依据,山岭、重丘区应参照导向线试定,最终路线要经过多方面分析比较才能确定。此方法一般适用于地形简单的平原、微丘区。

(1)路线标定

道路中线确定后,为标定路线需要很据选定的圆曲线半径及缓和曲线计算平曲线要素、曲线主点桩、加桩里程等。如果需要计算逐桩坐标时,则应采集交点的坐标。交点坐标的采集方法主要有:

①直接采集法。在绘有网格的地形图上读取各交点的坐标,一般只能估读到米,适用于交点前后直线方向和位置限制不严的情况。

②定前后直线简介推算法。在绘有格网的地形图上先固定交点前后的直线(即在直线上读取两个点的坐标),然后再用相邻直线相交的解析法计算交点坐标,一般适用于交点前后直线方向和位置限制较严的情况。

当已知交点前直线上两点的坐标(X_1,Y_1)和(X_2,Y_2),后直线上两点的坐标(X_3,Y_3)和(X_4,Y_4),则交点坐标(X,Y)可按下式计算:

$$
\begin{aligned}
K_1 &= \frac{(Y_2 - Y_1)}{(X_2 - X_1)}, K_2 = \frac{(Y_4 - Y_3)}{(X_4 - X_3)} \\
X &= \frac{K_1 X_1 - K_1 X_3 - Y_1 + Y_3}{(K_1 - K_2)} \\
Y &= K_1 (X - X_1) + Y_1
\end{aligned}
\tag{2-5}
$$

当 $X_1 = X_2$ 时,

$$
\begin{aligned}
X &= X_1 = X_2 \\
Y &= K_2 (X - X_3) + Y_3
\end{aligned}
\tag{2-6}
$$

当 $X_3 = X_4$ 时,

$$
\begin{aligned}
X &= X_3 = X_4 \\
Y &= K_1 (X - X_1) + Y_1
\end{aligned}
\tag{2-7}
$$

(2)曲线设置

曲线设置是在定出直线和交点组成的路线导线后进行,主要工作是确定圆曲线半径 R 和缓和曲线长 L_S。曲线设置主要是根据技术标准和地形条件,通过试算或反算的办法确定。

试算是根据经验先初定 R 和 L_S,计算切线长 T、曲线长 L 和外距 E 等曲线要素,检查线形是否满足技术标准和线位是否适应地形条件。如果不满足,应调整半径 R 或缓和曲线 L_S 或二者都调整,直至满足要求为止。

反算是根据控制较严的切线长 T(或外距 E)和试定的 L_S 计算半径 R,取整并判断 R 是否满足标准要求,否则应进行调整。试算或反算的结果经调整后仍然不能满足技术指标时,应调整导线。

(3)坐标计算

先建立一个贯穿全线统一的坐标系, 般采取国家坐标系统。根据路线地理位置和几何关系计算出道路中线上各桩点的统一坐标,编制逐桩坐标表,然后根据逐桩坐标实地放线。

2)曲线型定线方法

曲线型定线方法是根据导向线和地形条件及相应技术指标,先试定出合适的圆曲线单元,然后将这些圆曲线用适当的直线和缓和曲线连接的定线方法,即与传统的先定直线后定曲线相反的以曲线为主的定线法。当相邻圆曲线之间相距较远时,可插设适当的直线段。

(1)定线步骤

①参照导向线或控制点,徒手画出线形顺适、平缓并与地形相适应的概略线位。

②用直线或不同半径的圆曲线弯尺拟合徒手线位，形成一条由圆弧和直线组成的具有错位（即设缓和曲线后圆曲线的内移值）的间断线形。

③在圆弧和直线上各采集两点坐标固定位置，通过试定或试算，用合适的缓和曲线将它们顺滑连接，形成连续的平面线形。

（2）确定回旋线参数

曲线型定线法的缓和曲线仍然采用回旋线，确定回旋线参数 A 值是采用曲线型定线法的关键，目前常用计算的方法确定。

①近似计算法。

$$A=\sqrt[4]{24DR^3} \tag{2-8}$$

式中：D——基本型曲线时的内移值 p，S 形和卵形曲线（图 2-35）时为圆弧之间距离；

R——基本型为单元曲线半径，S 形和卵形曲线时分别按下式计算：

S 形曲线换算半径
$$R=\frac{R_1R_2}{R_1+R_2} \tag{2-9}$$

卵形曲线换算半径
$$R=\frac{R_1R_2}{R_1-R_2} \tag{2-10}$$

式中：R_1——大圆半径；

R_2——小圆半径。

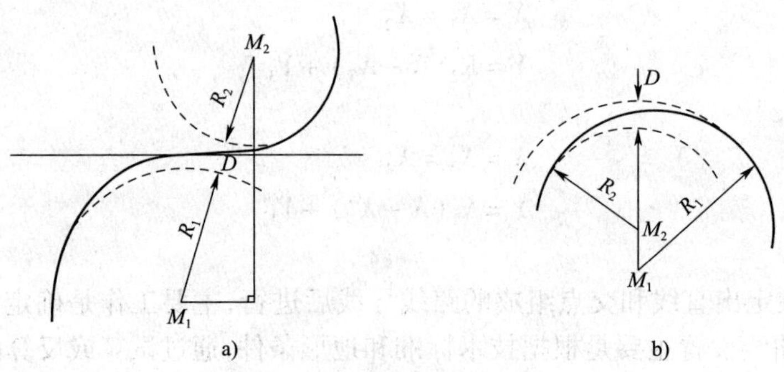

图 2-35　S 形和卵形曲线计算图

计算出 A 值后，应检查其大小是否满足 $A \geqslant A_{\min}$ 或 $R/3 \leqslant A \leqslant R$ 的要求，不满足时可调整圆弧位置，使 D 值变化后重新计算 A 值，直至满足要求为止。S 形曲线是由两条回旋线构成的，为了计算简便，宜采用等参数 A 的回旋线，对于两个不等参数的 S 形曲线计算比较复杂，一般很少使用。

②解析计算法。

解析计算法是根据几何关系，建立含有参数 A 的方程式，通过精确计算确定 A 值的过程。

定线操作是一个由粗到细的工作过程。近似法计算只保留了级数展开式中的第一项，因此计算简单但精度不高，适用于初定线位或精度要求不高的定线。解析法精度高，但计算复杂，需要借助计算机，适用于精细定线。

（3）坐标计算

直线形和曲线形定线方法本质上并无区别，定线成果都是直线、缓和曲线和圆曲线组成的中线，但在定线手法上二者正好相反。另外，直线形定线法既可以用于纸上定线，也可用于现场直接定线，而曲线形只能用于纸上定线。

三、纸上移线

直接定线因地形复杂、定线人员视野受到限制和可能产生错觉，难免出现个别路段线位不当，此时，利用地形图进行路线的局部移线是有效的办法，因此直接定线的局部移线也称之为纸上移线。

1. 移线的条件

(1)路线平面技术标准前后不协调，需要调整交点位置和改变半径，或室内纵断面定坡后发现局部地段工程量过大时。

(2)路线位置过于靠山使挖方过大，或过于靠外使挡土墙较高时。

(3)增加工程量不大，但能显著提高平、纵线形标准时。

2. 移线的方法步骤

(1)绘制移线地段的大比例尺(一般用1:200～1:500)路线图，标注导线交点和平曲线各桩桩位，如图2-36中实线所示。

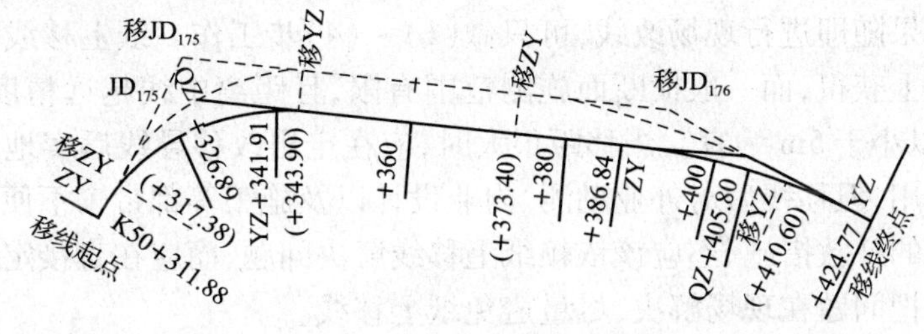

图2-36 纸上移线平面示意图

(2)依据移线目的，在纵断面图上试定出合理纵坡，读取各桩填挖值。

(3)根据各桩的填挖值，用路基模板在横断面上找出最经济或控制性的路基中线位置，量出偏离原中线的距离即移距，分别用不同符号标志在路线图上。参照这些标记，在保证重点照顾多数的原则上，经多次反复试定修改，直到定出满足移线要求、线形合理的改移导线，如图2-36中虚线所示。

(4)用正切法计算各交点转角，转移与原线角度要闭合，否则应进行调整，先应调整短边和角度值小的转角。拟定半径，计算曲线元素并绘制出平曲线。

(5)量取原线各相邻桩横断面方向线切割移线的实际长度，推算移线上的桩号，量取原线各桩的移距，与新老桩号一并记入移距表，见表2-2～表2-4。算出断链长度，记于接线桩号处。

原曲线表 表2-2

JD	a_z	a_y	R	T	L	E	JD	a_z	a_y	R	T	L	E
175		68°49′	25	17.12	30.03	5.30	176		21°44′	100	19.20	37.93	1.83

移线曲线表 表2-3

JD	a_z	a_y	R	T	L	E	JD	a_z	a_y	R	T	L	E
175		68°49′	25	17.12	30.03	5.30	176		21°44′	100	19.20	37.93	1.83

移 距 表(m) 表2-4

桩号		+311.88	+326.89	+314.89	+360	+380	+386.84	+400	+405.80	+424.77
移距	左	0								0
	右	0	2.7	4.9	5.0	4.8	4.2	2.4	1.8	0

（6）按各桩移距，在横断面图上读取新老桩比高，如图2-37所示，据此用虚线在原纵断面图上点绘出移线的地面线和平曲线，重新设计纵坡和竖曲线。

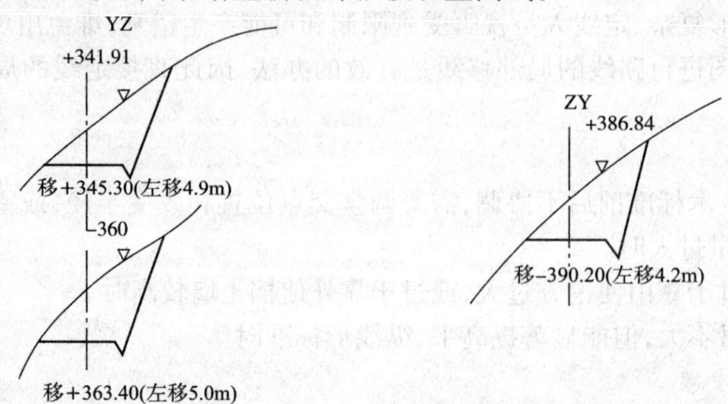

图2-37　纸上移线横断面示意图

纸上移线后如果随即进行现场改线，可只做（1）~（4）步工作。纸上移线的主要数据资料是从原线横断面图上获得，而一般横断面施测范围有限，且距离中线越远精度就越低，所以移距不能过大，一般以小于5m为宜。当移距很大时，应在定出改移导线后实地放线重测。纸上移线具有一定的作用，但移线后对外业勘测、内业设计以及施工等都带来不便，因此，纸上移线只是一种不得已时的补救措施，不应该依赖纸上移线解决问题，而应在直接定线中深入调查研究，全面分析比较，把问题在现场解决，尽量避免纸上移线。

项目三　平面线形测设

知识目标

1. 掌握路线平面线形的组成要素并计算其测设元素。
2. 掌握平面线形各要素的组合形式及特点。
3. 掌握路线平面线形设计的要点和方法。
4. 了解路线平曲线超高、加宽的原因。
5. 掌握超高的设置条件、设计方法。
6. 掌握加宽的设置条件和设计方法。
7. 了解行车视距的概念。
8. 掌握保证行车视距的设计要求。
9. 掌握平面设计成果的整理方法。

能力目标

1. 能根据地形、交点等因素正确合理的组合平面线形各要素,并选择合适的仪器进行放样工作。
2. 能查阅《标准》和《规范》,确定有关平面设计的指标。
3. 能根据地形、交点等因素的要求进行路线平面线形的基本设计。
4. 能按照《标准》或《规范》的要求设置超高和加宽。
5. 能根据路线的情况选择正确的超高方式。
6. 能够根据平曲线的实际情况确定任意断面的超高值或加宽值。
7. 能根据公路的实际条件查阅《标准》确定公路的行车视距。
8. 能根据项目要求满足行车视距的要求。
9. 能正确编制或阅读直线、曲线及转角一览表。
10. 能够识别或绘制路线平面图。

任务一　认识路线平面线形

一、平面线形的组成

1. 道路平面线形的组成要素

道路平面线形是由直线、圆曲线、缓和曲线三个要素组成。

1)直线

直线是两点间距离最短的线形。一般情况下,它测设、施工简单,视线良好,运行距离短,从而降低了汽车的运营成本,因而在道路设计中被广泛采用。

直线的线形特征主要有：

①以最短的距离连接两目的地，具有路线短捷、缩短里程、行车方向明确的特点。

②具有视距良好、行车快速、易于排水等特点。

③线形简单，容易测设和施工，便于驾驶。

④给人以简捷、直达、刚劲的良好印象。

⑤过长的直线，线形呆板，行车单调，易使驾驶员产生急躁情绪和疲惫感，容易发生超车和超速行驶，行车时驾驶员难以估计车间距离，夜间行车易产生眩光等，长直线的安全性较差，往往是发生交通事故较多的路段。

⑥直线难以与地形及周围环境相协调，如图 3-1 所示。特别是山岭区和丘陵区，采用过长的直线会破坏自然景观，并易造成大挖大填，工程的经济性也较差。

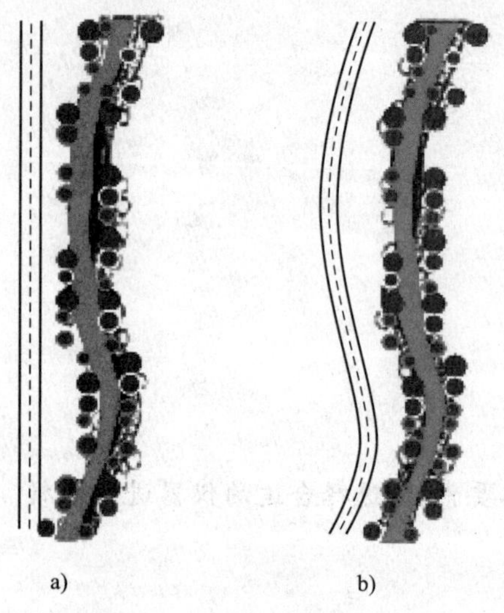

图 3-1　线形与地形的配合

2）圆曲线

在道路平面线形的转折处，各级公路与城市道路不论转角大小均应设置圆曲线。

圆曲线的线形特征主要有：

①较大半径的长缓圆曲线具有线形美观、顺适、行车舒适、易与地形相适应、可循性好。

②圆曲线上任意一点的曲率半径 R 均为常数，线形简单，易于测设。

③视距条件差。汽车在圆曲线内侧行驶时，视线受到路堑边坡或其他障碍物的影响，视距条件差，容易发生交通事故。

④圆曲线上的每一点都在不断的改变方向，因而汽车在圆曲线上行驶时会受到离心力的作用，离心力随圆曲线半径的增大而减小，随行车速度的增大而增大。因此，当圆曲线半径过小时，容易发生交通事故。同时，汽车在平曲线行驶时要多占用路面宽度。

圆曲线与直线一样也是公路的基本线形，在路线设计中直线若能配合地形选用恰当的平曲线半径，则能取得良好的线形效果，如图 3-2 所示。

图 3-2　良好的直线与曲线组合

3）缓和曲线

缓和曲线是设置在直线差较大的两个圆曲线之间设置的一种曲率连续变化的过渡曲线，是道路平面线形要素之一。

（1）缓和曲线的线形特征（图3-3）

①缓和曲线的曲率渐变，其线形符合汽车转弯时行驶轨迹的要求，设于直线与圆曲线之间，能够消除曲率突变点，使线形顺适、美观，增加道路良好的视觉效果和心理效果。

②在直线和圆曲线间加入缓和曲线后，平面线形更为灵活，线形的自由度提高，更有利于与地形、地物及环境相适应、协调、配合，使平面线形布置更加灵活、经济、合理。

③缓和曲线的测设和计算较为复杂。

（2）缓和曲线的作用

①便于驾驶员操纵转向盘。

②减小离心力的变化，满足乘客及驾驶员的舒适与稳定。

③满足超高、加宽的过渡，有利于行车。

④增加平面线形的美观，提高视觉效果和心理效果。

（3）缓和曲线的性质

当汽车逐渐由直线驶入圆曲线，为简便可作两个假定：一是汽车作匀速行驶；二是驾驶员操纵转向盘做匀角速 ω 转动，即汽车的前轮转向角由直线上的0°均匀地增加到圆曲线上 α 角值，如图3-4所示。

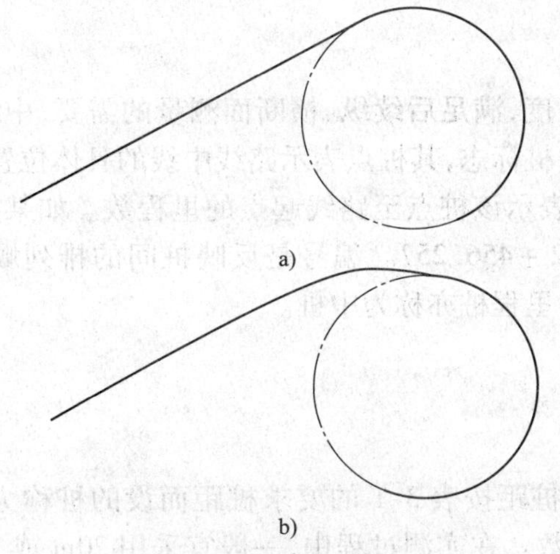

图3-3　缓和曲线的线形特征

a）不设缓和曲线；b）设缓和曲线

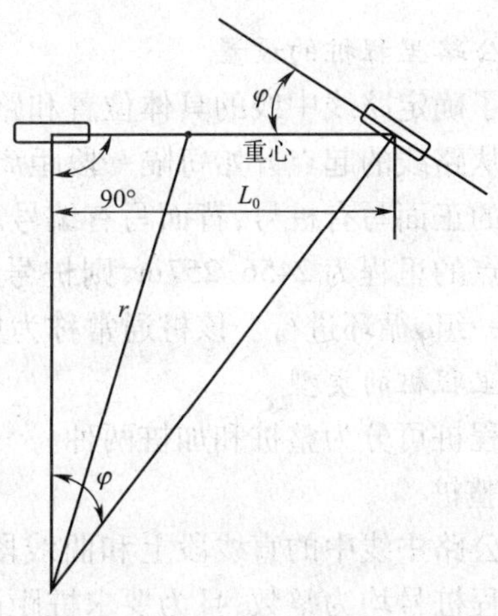

图3-4　弯道处转向盘转向示意图

转向盘的转动角度：

$$\varphi = \omega t = \frac{L_0}{r} = k\ L_0 \tag{3-1}$$

式中：φ——前轮转向角（rad）；

L_0——汽车前后轴的距离；

r——汽车中心轨迹的曲率半径；

k——汽车重心轨迹的曲率，$k = 1/r$。

汽车在直线段行驶时，$k = 0$，因此 $\varphi = 0$；当汽车在半径为 R 的圆曲线上行驶时，$k = 1/R$，$\varphi = L_0/R$，为一常数。汽车实际行驶时，不可能由直线直接驶入圆曲线或由圆曲线驶入直线，在转弯过程中，一边前进，一边转动转向盘，其 φ 值是逐渐变化的。在这个过程中，汽车所完成的直线和圆曲线之间的过渡轨迹线形状取决于 φ 的变化，即是由前轮转向的角速度 ω 决定的。

$$\omega = \frac{d\varphi}{dt} \tag{3-2}$$

式中：ω——前轮转向的角速度(rad/s)。

$$d\varphi = L_0 dk, dt = dl/v$$

所以
$$\omega = L_0 v dk/dl \tag{3-3}$$

当假设汽车是以匀速行驶的，驾驶员是以匀速转动转向盘的时候，v 和 ω 都是常数，则上式中$\frac{dk}{dl} = \omega/L_0 v$ 也是一个常数，令这个常数为$\frac{1}{C}$，则$\frac{dk}{dl} = k/l = 1/r_1 = 1/C$，可得到缓和曲线的一般方程：

$$r_1 = C$$

式中：l——由缓和曲线起点到任意点的弧长；

C——参数。

此式也就是汽车由直线进入圆曲线行驶的轨迹方程。它反映汽车转弯时，轨迹上任一点的曲率半径 r 与其行程 s 成反比，与数学中的回旋线的方程吻合，即可用回旋线作为缓和曲线的数学模型。因此我国《标准》规定缓和曲线采用回旋线。

二、平面线形的表达

1. 公路里程桩的设置

为了确定路线中线的具体位置和路线的长度，满足后续纵、横断面测量的需要，中线测量中必须从路线的起点开始每隔一段距离钉设木桩标志，其桩点表示路线中线的具体位置。

桩的正面写有桩号，背面写有编号。桩号表示该桩点至路线起点的里程数。如某桩点距路线起点的里程为2456.257m，则桩号记为 K2+456.257。编号是反映桩间的排列顺序，以0~9为一组，循环进行。该桩通常称为里程桩，里程桩亦称为中桩。

2. 里程桩的类型

里程桩可分为整桩和加桩两种。

1)整桩

在公路中线中的直线段上和曲线段上，其桩距按表3-1的要求桩距而设的桩称为整桩。它的里程桩号均为整数，且为要求桩距的整倍数。在实测过程中，一般宜采用20m或50m及其倍数。当量距每至百米及公里时，要钉设百米桩及公里桩。

中桩间距(m) 表3-1

直线段		曲线段			
平原微丘区	山岭重丘区	不设超高的曲线	$R>60$	$30<R<60$	$R<30$
≤50	≤25	25	20	10	5

注：表中的 R 为曲线半径，以m计。

2)加桩

加桩又分为地形加桩、地物加桩、曲线加桩、地质加桩、断链加桩、行政区域加桩和改建路加桩等。

①地形加桩：沿路线中线在地面起伏突变处，横向坡度变化处以及天然河沟处等均应设置

的里程桩。

②地物加桩：沿路线中线在有人工构造物处（如拟建桥梁、涵洞、隧道、挡土墙等构造物处；路线与其他公路、铁路、渠道、高压线、地下管道等交叉处、拆迁建筑物处、占用耕地及经济林的起终点处）均应设置的里程桩。

③曲线加桩：曲线上设置的起点、中点、终点桩。

④地质加桩：沿路线在土质变化处及地质不良地段的起、终点处要设置的里程桩。

⑤断链加桩：由于局部改线或事后发现距离错误或分段测量中由于假设起点里程等原因，致使路线的里程不连续，桩号与路线的实际里程不一致，这种现象称为“断链”，为说明该情况而设置的桩，称为断链加桩。测量中应尽量避免出现“断链”现象。

⑥行政区域加桩：在省、地（市）、县级行政区分界处应加的桩。

⑦改建路加桩：在改建公路的变坡点、构造物和路面面层类型变化处应加的桩。加桩应取位至米，特殊情况下可取位至0.1m。

3. 里程桩的书写及钉设

对于中线控制桩，如路线起、终点桩、公里桩、交点桩、转点桩、大中桥位桩以及隧道起终点等重要桩，一般采用尺寸为5cm×5cm×30cm的方桩；其余里程桩一般多用（1.5～2）cm×5cm×25cm的板桩。

1）里程桩的书写

所有中桩均应写明桩号和编号，在桩号书写时，除百米桩、公里桩和桥位桩要写明公里数外，其余桩可不写。另外，对于交点桩、转点桩及曲线基本桩还应在桩号之前标明桩名（一般标其缩写名称）。目前，我国公路工程上桩名采用汉语拼音的缩写名称，见表3-2所列。

路线主要标志桩名称 表3-2

标志桩名称	简　称	汉语拼音缩写	英　文	标志桩名称	简　称	汉语拼音缩写	英　文
转角点	交点	JD	IP	公切点	—	GQ	CP
转点	—	ZD	TP	第一缓和曲线起点	直缓点	ZH	TS
圆曲线起点	直圆点	ZY	BC	第一缓和曲线终点	缓圆点	HY	SC
圆曲线中点	曲中点	QZ	MC	第二缓和曲线起点	圆缓和	YH	CS
圆曲线终点	圆直点	YZ	EC	第二缓和曲线终点	缓直点	HZ	ST

为了便于后续工作找桩和避免漏桩起见，所有中桩都应在桩的背面编写编号，以0～9为一组，循环进行排列。桩志一般用红色油漆或记号笔书写（在干旱地区或马上施工的路线也可用墨汁书写），书写字迹应工整醒目，一般应写在桩顶以下5cm范围内，否则将被埋于地面以下无法判别里程桩号。

2）里程桩的钉桩

新线桩志打桩，不要露出地面太高，一般以5cm左右能露出桩号为宜。钉设时将桩号面向路线起点方向，使编号朝向前进方向，如图3-5所示。为便于对点，桩顶需钉一小铁钉。改建桩志位于旧路上时，由于路面坚硬，不宜采用木桩，此时常采用大帽钢钉。钉桩时一律打桩至与地面齐平，然后在路旁一侧打上指示桩，桩上注明距中线的横向距离及其桩号，并以箭头指示中桩位置。在直线上，指示桩应钉在路线的同一侧；交点桩的指示桩应钉在圆心和交点连线方向的外侧，字面朝向交点；曲线主点桩的指示桩均应钉在曲线的外侧，字面朝向圆心。

遇到岩石地段无法钉桩时，应在岩石上凿刻"⊕"标记，表示桩位并在其旁边写明桩号、编号等。在潮湿地区，特别是近期不施工的路线，对重要桩位（如路线起、终点、交点、转点等），可改埋混凝土桩，以利于桩的长期保存。

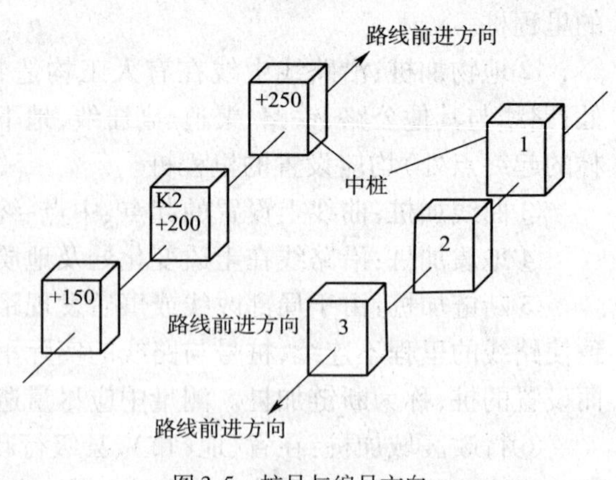

图 3-5　桩号与编号方向

任务二　平面线形的组合形式

一、常用组合

1. 简单型平曲线

当一个弯道由直线与圆曲线组合时称为简单型平曲线，即按直线—圆曲线—直线的顺序组合，如图 3-6 所示。

简单型平曲线在 ZY 和 YZ 点处有曲率突变点，对行车不利。当半径较小时，该处线形舒适性较差，一般限于四级公路采用。其他等级公路当圆曲线半径大于不设超高的最小半径时，缓和曲线省略，采用简单型平曲线。

2. 基本型

基本型是按直线—回旋线—圆曲线—回旋线—直线的顺序组合的，如图 3-7 所示。

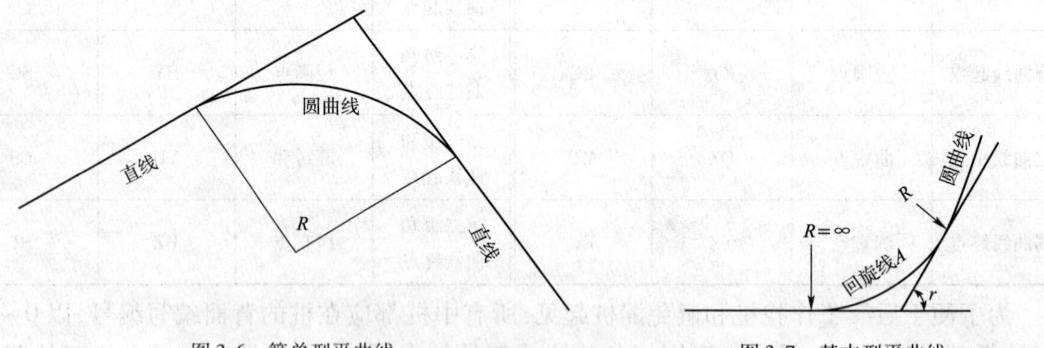

图 3-6　简单型平曲线　　图 3-7　基本型平曲线

基本型平曲线可以设计成对称基本型或根据线形、地形变化的需要设计成非对称基本型，即两个回旋线的参数值为 $A_1 = A_2$（对称型）或 $A_1 \neq A_2$（非对称型）。

为使线形连续协调，回旋线—圆曲线—回旋线的长度之比宜为 1∶1∶1 左右，并注意设置基本型的几何条件：$\alpha > 2\beta_0$（α 为圆曲线转角，β_0 为缓和曲线角）。

3. S 形

两个反向圆曲线用回旋线连接起来的组合线形为 S 形，如图 3-8 所示。

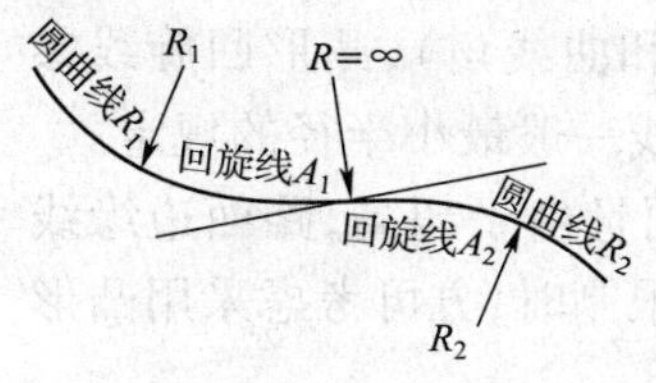

图 3-8　S 形平曲线

S 形相邻两个回旋线参数 A_1 与 A_2 宜相等，设计成对称形。当采用不同的参数时，A_1 与 A_2 之比应小于 2.0，有条件时以小于 1.5 为宜。

S 形的两个反向回旋线以径相光滑连接为宜，当地形等条件受限必须插入短直线或当两圆曲线的回旋线相互重合时，短直线或重合段的长度应符合下式规定：

$$L \leqslant (A_1 + A_2)/40 \tag{3-4}$$

式中：L——反向回旋线间短直线或重合段的长度(m)；

A_1、A_2——回旋线参数。

两圆曲线半径之比不宜过大，以 $R_2/R_1 = 1 \sim 1/3$ 为宜。R_1 为大圆曲线半径(m)，R_2 为小圆曲线半径(m)。

4. 复曲线

复曲线是指两个或两个以上半径不同、转向相同的圆曲线径相连接或插入缓和曲线的组合曲线，后者又称为卵形曲线。根据是否插入缓和曲线可以分成以下几种形式：

(1)圆曲线直接相连的组合形式

两同向圆曲线按直线—圆曲线 R_1—圆曲线 R_2—直线的顺序组合构成，如图 3-9 所示。

(2)两端设置缓和曲线的组合形式

两同向圆曲线按直线—回旋线 A_1—圆曲线 R_1—圆曲线 R_2—回旋线 A_2—直线的顺序组合构成，如图 3-10 所示。

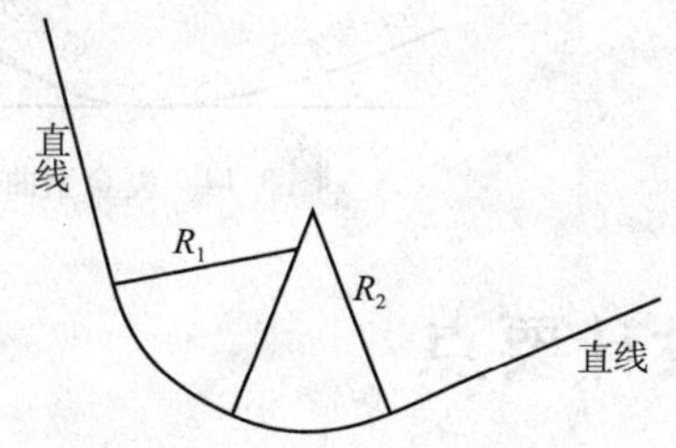

图 3-9　圆曲线直接相连接的复曲线

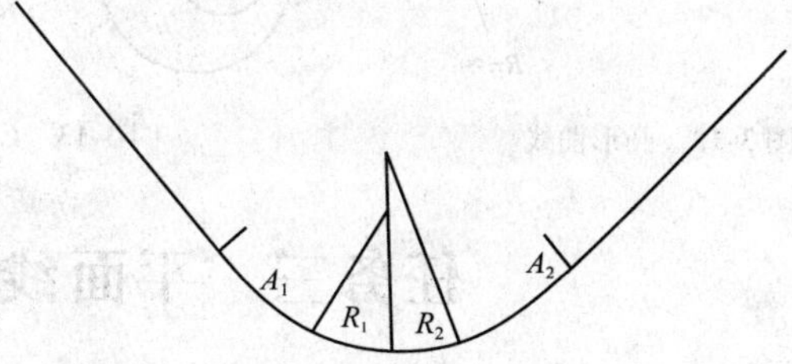

图 3-10　两端带有缓和曲线的复曲线

(3)卵形曲线

用一个回旋线连接两个同向圆曲线的组合形式，称为卵形。即按直线—回旋线 A_1—圆曲线 R_1—回旋线—圆曲线 R_2—回旋线 A_2—直线顺序组合构成，如图 3-11 所示。

卵形曲线要求大圆能完全包住小圆，卵形组合的回旋线参数宜符合下式要求：

$$R_2/2 \leqslant A \leqslant R_2$$

式中：A——回旋线参数；

R_2——小圆曲线半径(m)。

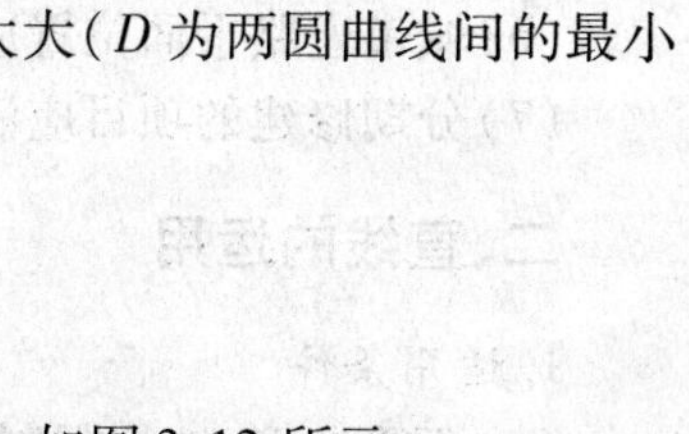

图 3-11　卵形曲线

两圆曲线半径之比，以 $R_2/R_1 = 0.2 \sim 0.8$ 为宜。

两圆曲线的间距，$D/R_2 = 0.003 \sim 0.03$ 为宜，以免曲率变化太大(D 为两圆曲线间的最小间距，以 m 为单位)。

二、特殊组合

1. 凸形

两个同向回旋线间无圆曲线而径相衔接的平面线形称为凸形，如图 3-12 所示。

凸形曲线设置的几何条件是 $\alpha = 2\beta_0$（α 为圆曲线转角，β_0 为缓和曲线角），凸形回旋线参数及其连接点的曲率半径，应分别符合容许最小回旋线参数和圆曲线一般最小半径的规定。

凸形曲线在两回旋线衔接处曲率发生突变，不仅不利于行车，而且由于超高，路面边缘线纵断面也会在该处形成转折，因此一般情况下，只有在受地形、地物限制时，方可考虑采用凸形曲线。

2. C 形

同向曲线的两个回旋线在曲率为零处径相衔接（即连接处曲率为 0，$R=\infty$）的形式称为 C 形，如图 3-13 所示。C 形的线形组合方式只有在特殊地形条件下方可采用。两个回旋线参数可相等，也可不相等。

3. 复合型

两个及两个以上同向回旋线，在曲率相等处相互连接的形式称为复合型，如图 3-14 所示。复合型的两个回旋线参数之比以小于 1:1.5 为宜。

复合型一般很少采用，仅在受地形或其他特殊原因限制时（互通式立体交叉除外）使用。

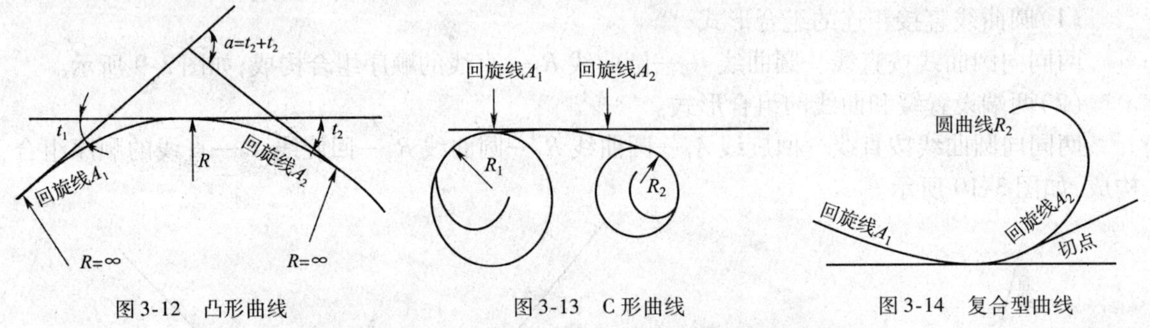

图 3-12　凸形曲线　　图 3-13　C 形曲线　　图 3-14　复合型曲线

任务三　平面线形设计要点

一、一般规定

（1）道路平面线形应与地形、地质、水文等结合，并符合各级道路的技术指标。

（2）应处理好直线与平曲线的衔接，合理地设置缓和曲线、超高、加宽等。

（3）高速公路和一、二、三级公路平面线形应由直线、圆曲线、回旋线三种要素组成。四级公路平面线形应由直线和圆曲线两种要素组成。

（4）平面线形必须与地形、景观、环境等相协调，同时注意线形的连续与均衡性，并同纵断面、横断面相互配合。

（5）应根据道路等级合理设置交叉口、沿线建筑物出入口、停车场出入口、分隔带断口、公共交通停靠站位置等。

（6）城市道路平面位置应按照城市总体规划道路网布设。

（7）分期修建的项目应满足近期使用要求，充分考虑远期发展的需要，减少废弃工程。

二、直线的运用

1. 适用条件

（1）不受地形、地物限制的平原区或山间的开阔谷地。

(2)市镇及其邻近或规划方正的农耕区等以直线为主体的地区。

(3)为缩短构造物长度以便于施工的长大桥梁、隧道路段。

(4)为争取较好的行车和通视条件的平面交叉前后。

(5)双车道公路在适当间隔内设置一定长度的直线,以提供较好条件的超车路段。

2. 设计要点

(1)采用直线应特别注意与地形的关系,在运用直线并决定其长度时,必须持谨慎态度,并不宜采用长直线。

(2)长直线或长下坡尽头的平面曲线,除曲线半径、超高、视距等必须符合规定要求外,还必须采取设置标志、增加路面抗滑能力等安全措施。

(3)长直线纵坡不宜过大,因为长直线在陡坡下行时很容易导致超速行车。

(4)公路两侧地形过于空旷时,宜采取种植不同树种或设置不同风格的建筑物、雕塑等措施,以改善单调的景观,消除驾驶员的枯燥、疲劳的感觉,确保行驶的安全,如图 3-15 所示。

a)

b)

图 3-15　长直线的运用

(5)直线长度不宜过短,特别是同向平曲线之间不得设置短直线。互相通视的同向曲线间若插以短直线,容易产生把两个曲线看成是一个曲线的错觉,破坏了线形的连续性,易于造成驾驶操作的失误。

三、圆曲线的运用

1. 适用条件

圆曲线是公路平面设计中最常用的线形之一,各级公路和城市道路不论转角大小均应设置平曲线,圆曲线是平面线形中的主要组成部分。

2. 设计要点

圆曲线的设计任务是在满足技术标准的前提下,充分考虑行车安全、工程经济和线形舒顺,选择适当的半径值,并计算曲线要素。

1)半径的确定

圆曲线的半径是圆曲线的重要几何元素,半径一旦确定,圆的大小和曲率也就完全确定了。圆曲线的半径是根据汽车转弯时的横向稳定分析确定的。通过研究,反映汽车横向稳定性的横向力系数 μ 与汽车稳定性、乘客舒适性和运营经济性的关系如下:

汽车行驶稳定性:

$\mu = 0.15 \sim 0.16$ 干燥与潮湿路面均可以较高的速度行驶。

$\mu=0.07$ 路面结冰也能安全行驶。

乘客舒适性:

$\mu<0.10$ 不感到曲线的存在,很平稳。

$\mu=0.15$ 略感曲线存在,尚平稳。

$\mu=0.20$ 已感到曲线存在,稍感到不平稳。

$\mu=0.35$ 感到有曲线存在,已感到不平稳。

$\mu<0.40$ 转弯时已非常不平稳,站立不住有倾倒的危险。

运营经济性:

$\mu\leqslant0.10\sim0.15$ 轮胎磨耗及燃料消耗增加较小。

(1) 圆曲线的最小半径

圆曲线的最小半径包括极限最小半径、一般最小半径、不设超高的最小半径。《标准》的规定值见表3-3。

公路圆曲线最小半径　　表3-3

设计速度(km/h)		120	100	80	60	40	30	20
极限最小半径(m)		650	400	250	125	60	30	15
一般最小半径(m)		1000	700	400	200	100	65	30
不设超高最小半径(m)	路拱≤2%	5500	4000	2500	1500	600	350	150
	路拱>2%	7500	5250	3350	1900	800	450	200

注:"一般值"为正常情况下的采用值;"极限值"为条件受限制时可采用的值。

在选择圆曲线半径的时候,应尽量选择较大的值。可按照"必须大于极限最小半径,尽量大于一般最小半径,最好大于不设超高的最小半径"的原则选择。

极限最小半径是指按设计速度行驶的车辆,能保证其安全行驶的最小半径,是设计采用的极限值。道路曲线半径为极限最小半径时,设置最大超高。

一般最小半径对按设计速度行驶的的车辆能保证其安全性和舒适性。通常情况下是推荐采用的最小半径。介于极限最小半径与不设超高的最小半径之间,其超高值随半径的增大而按比例减小。

不设超高的最小半径是指曲线半径较大,离心力较小,靠轮胎与路面间的摩阻力就足以保证汽车安全稳定行驶所采用的最小半径,此时路面可以不设超高。

(2)圆曲线的最大半径

选用圆曲线半径时,在地形等条件允许的前提下,应尽量采用较大半径,使行车舒适。但半径过大时,圆曲线的长度过长,对测设和施工都不利,且过大的半径,其几何性质与直线差异不大。因此,《规范》规定,圆曲线最大半径以不超过10000m为宜。

(3)确定圆曲线半径的注意事项

①一般情况下宜采用极限最小半径的4~8倍或超高为2%~4%的圆曲线半径。

②地形条件受限制时,应采用大于或接近于一般最小半径的圆曲线半径。

③地形条件特别困难不得已时,方可采用极限最小半径。

④应同前后线形要素相协调,使之构成连续、均衡的曲线线形。

⑤应同纵断面线形相配合，应避免小半径曲线与陡坡相重叠。

⑥每个弯道半径值的确定，应按技术标准根据实地的地形、地物、地质、人工构造物及其他条件的要求，按合理的曲线位置，用外距、切线长、曲线长、曲线上任意点线位、合成纵坡等控制条件反算并结合标准综合确定。

2)平曲线长度

(1)平曲线的最小长度

为使驾驶员操纵方便、行车舒适，以及满足视觉要求，应对平曲线长度加以限制。《规范》按6s行程长度制定了平曲线最小长度指标，见表3-4。

各级公路平曲线最小长度　　表3-4

设计速度(km/h)		120	100	80	60	40	30	20
平曲线最小长度(m)	一般值	600	500	400	300	200	150	100
	最小值	200	170	140	100	70	50	40

注："一般值"为正常情况下的采用值；"最小值"为条件受限制时可采用的值。

各级公路的平曲线，一般情况下应能够设置两段缓和曲线(或超高、加宽缓和段)及一段圆曲线，平曲线一般最小长度按9s行程长度控制，即缓和曲线与圆曲线长度均保证3s的行程，才能使其线形美观、顺畅。

(2)小偏角时的平曲线长度

当道路转角$\alpha \leqslant 7°$时，曲线两端附近的曲线部分被误认为是直线，只有在交点附近的部分才能看出是曲线，曲线长度往往看上去较实际长度短，造成急弯的错觉。为避免产生视觉误差，保证行车安全，在进行平曲线设计时应避免设置小于7°的转角。当条件受到限制不得已时，在偏角小于7°的转角处应设置较长的平曲线，其长度应大于表3-5所列数值。

公路转角等于或小于7°的平曲线长度　　表3-5

设计速度(km/h)	120	100	80	60	40	30	20
平曲线最小长度(m)	$1400/\alpha$	$1200/\alpha$	$1000/\alpha$	$700/\alpha$	$500/\alpha$	$350/\alpha$	$280/\alpha$

注："α"为路线转角值(°)；当$\alpha < 2°$时，按$\alpha = 2°$计算。

四、缓和曲线的运用

车辆在行驶中，当从直线驶入圆曲线时，由力学知识可知车辆将产生离心力，由于离心力的作用，车辆有向曲线外侧倾倒的趋势，使得安全性和舒适感受到一定的影响。为了减少离心力的影响，曲线段的路面要做成外侧高，内侧低，呈单向横坡形式，此即弯道超高。超高不能在直线进入曲线段或曲线进入直线段突然出现或消失，以免使路面出现台阶，引起车辆振动，产生更大的危险。因此超高必须在一段长度内逐渐增加或减少，在直线段与圆曲线段之间插入一段半径由无穷大逐渐减少至圆曲线半径(或在圆曲线段与直线段间插入一段由圆曲线半径只逐渐增大至无穷大)的曲线，这种曲线称为缓和曲线。

1.缓和曲线的最小长度

为了更好地发挥缓和曲线的作用，缓和曲线必须有足够的长度，以保证行车安全、舒适和线形的圆滑顺适，见表 3-6。

各级公路缓和曲线最小长度 表 3-6

设计速度(km/h)	120	100	80	60	40	30	20
缓和曲线最小长度(m)	100	85	70	50	35	25	20

圆曲线按规定需设置超高时，缓和曲线长度还应大于超高过渡段长度。

缓和曲线采用回旋线，一般来说缓和曲线越长，其缓和效果越好，但太长的缓和曲线会给测设、施工带来不便。缓和曲线的最小长度是按照发挥其作用的要求来确定的，即设置足够长的缓和曲线，使其能够起到缓和离心力突变、完成超高和加宽的渐变和便于驾驶员操作。因此，条件允许时，应尽量采用较长的缓和曲线，以满足各方面的需要。

2. 缓和曲线的省略

1）直线与圆曲线间缓和曲线的省略

《规范》规定，在直线和圆曲线间，当圆曲线半径大于或等于“不设超高最小半径”时，可不设缓和曲线。

四级公路可将直线与圆曲线径相衔接，在圆曲线两端的直线上设置超高、加宽缓和段。

2）半径不同的圆曲线间缓和曲线的省略

(1) 小圆半径大于所列“不设超高最小半径”时。

(2) 小圆半径大于表 3-7 所列“小圆临界半径”，且符合下列条件之一时：

①小圆曲线按最小回旋线长度设回旋线时，其小圆与大圆的内移值之差不超过 0.1m。

②设计速度≥80km/h 时，大圆半径(R_1)与小圆半径(R_2)之比小于 1.5。

③设计速度 <80km/h 时，大圆半径(R_1)与小圆半径(R_2)之比小于 2。

复曲线中的小圆临界半径 表 3-7

设计速度(km/h)	120	100	80	60	40	30
临界圆曲线半径(m)	2100	1500	900	500	250	130

任务四　平曲线的测设

一、单圆曲线的测设

1. 主点测设

当路线前进方向发生改变时，就会出现转点，即交点。各级公路与城市道路不论转角大小均应设置平曲线。当缓和曲线省略时，平曲线即为单圆曲线，其设计方法与步骤如下：

1) 拟定圆曲线半径

2) 计算圆曲线的几何要素

切线长：
$$T = R \cdot \tan\frac{\alpha}{2} \tag{3-5}$$

曲线长：
$$L = \frac{\pi \alpha R}{180°} \tag{3-6}$$

外距：
$$E = R\left(\sec\frac{\alpha}{2} - 1\right) \tag{3-7}$$

切曲差： $D = 2T - L$ (3-8)

式中：T——切线长(m)；

L——曲线长(m)；

E——外距(m)；

D——切曲差或校正值 J(m)；

R——圆曲线半径(m)；

α——转角(°)。

3)单圆曲线的主点桩号计算

$$ZY(桩号) = JD(桩号) - T \quad (3\text{-}9)$$

$$YZ(桩号) = ZY(桩号) + L \quad (3\text{-}10)$$

$$QZ(桩号) = YZ(桩号) - L/2 \quad (3\text{-}11)$$

$$JD(桩号) = QZ(桩号) + J/2 \quad (3\text{-}12)$$

4)单圆曲线主点实地敷设

圆曲线的测设元素和主点里程计算出后，便可按下述步骤进行主点测设：

(1)曲线起点(ZY)的测设

测设曲线起点时，将仪器置于交点 i(JD_i)上，望远镜照准后一交点 $i-1$(JD_{i-1})或此方向上的转点，沿望远镜视线方向量取切线长 T，得曲线起点 ZY，暂时插一测钎标志。然后用钢尺丈量 ZY 至最近一个直线桩的距离，如两桩号之差等于所丈量的距离或相差在容许范围内，即可在测钎处打下 ZY 桩。如超出容许范围，应查明原因，重新测设，以确保桩位的正确性。

(2)曲线终点(YZ)的测设

在曲线起点(ZY)的测设完成后，转动望远镜照准前一交点 JD_{i+1}或此方向上的转点，往返量取切线长 T，得曲线终点(YZ)，打下 YZ 桩即可。

(3)曲线中点(QZ)的测设

测设曲线中点时，可自交点 i(JD_i)，沿分角线方向量取外距 E，打下 QZ 桩即可。

2. 切线支距法详细测设

在圆曲线的主点设置后，即可进行详细测设。详细测设所采用的桩距 l_0 与曲线半径及有关，按桩距 l_0 在曲线上设桩，通常有以下两种方法：

①整桩号法。将曲线上靠近起点(ZY)的第一个桩的桩号凑整成为 l_0 倍数的整桩号，且与 ZY 点的桩距小于 l_0，然后按桩距 l_0 连续向曲线终点 YZ 设桩。这样设置的桩的桩号均为整数。

②整桩距法。从曲线起点 ZY 和终点 YZ 开始，分别以桩距 Z_0。连续向曲线中点 QZ 设桩。由于这样设置的桩的桩号一般为破碎桩号，因此，在实测中应注意加设百米桩和公里桩。目前公路中线测量一般均采用整桩号法，本节主要介绍圆曲线切线支距法详细测设方法。

切线支距法又称直角坐标法，是以曲线的起点 ZY（对于前半曲线）或终点 YZ（对于后半曲线）为坐标原点，以过曲线的起点 ZY 或终点 YZ 的切线为 X 轴，过原点的半径为 Y 轴，按曲线上各点坐标 X、Y 设置曲线上各点的位置。

如图 3-16 所示，设 P_i 为曲线上欲测设的点位，该点至 ZY 点或 YZ 点的弧长为 l_i，φ_i 为 l_i 所对的圆心角，R 为圆曲线半径，则 P_i 点的坐标按下式计算：

$$x_i = R \cdot \sin\varphi_i \quad (3\text{-}13)$$

$$y_i = R(1 - \cos\varphi_i) = x_i \cdot \tan(\varphi_i/2) \quad (3\text{-}14)$$

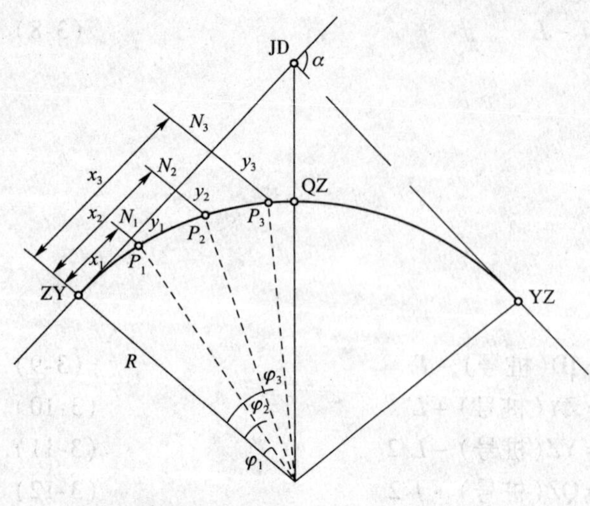

图 3-16 切线支距法详细测设圆曲线

切线支距法详细测设圆曲线，为了避免支距过长，一般是由 ZY 点和 YZ 点分别向 QZ 点施测，其测设步骤如下：

①从 ZY 点（或 YZ 点）用钢尺或皮尺沿切线方向量取点 P_i 的横坐标 x_i，得垂足点 N_i。

②在垂足点 N_i 上，用方向架或经纬仪定出切线的垂直方向，沿垂直方向量出 y_i，即得到待测定点 P_i。

③曲线上各点测设完毕后，应量取相邻各桩之间的距离，并与相应的桩号之差作比较，若闭合差均在限差之内，则曲线测设合格；否则应查明原因，予以纠正。

【案例 3-1】

已知某 JD 的里程为 K2 +968.43，测得转角 $\alpha_Y = 34°12'$，圆曲线半径 $R = 200$m，求曲线测设元素及主点里程；若采用切线支距法，并按整桩号设桩，试计算各桩坐标。

曲线测设元素的计算。由公式代入数据计算得：$T = 61.53$m；$L = 119.38$m；$E = 9.25$m；$D = 3.68$m。主点里程的计算，由公式得：

JD 里程	K2 +968.43
$-T$	−61.53
ZY 里程	K2 +906.90
$+L$	+119.38
YZ 里程	K3 +036.28
$-L/2$	−59.69
QZ 里程	K2 +966.59
$+D/2$	+1.84
JD 里程	K2 +968.43

已计算出主点里程（ZY 里程、QZ 里程、YZ 里程），在此基础上按整桩号法列出详细测设的桩号，并计算其坐标。具体计算见表 3-8。

切线支距法坐标计算 表 3-8

桩 号	桩点至曲线起（终）点的弧长 l(m)	横坐标 x_i(m)	纵坐标 y_i(m)
ZY 桩：K2 +906.90	0	0	0
+920	13.10	13.09	0.43
+940	33.10	32.95	2.73
+960	53.10	52.48	7.01
QZ 桩：K2 +966.59	59.69	58.81	8.84
+980	46.28	45.87	5.33
K3 +000	26.28	26.20	1.72
+020	6.28	6.28	0.10
YZ 桩：K3 +026.28	0	0	0

3. 偏角法详细测设

偏角法是以曲线起点(ZY)或终点(YZ)至曲线上待测设点 P_i 的弦线与切线之间的弦切角(这里称为偏角)Δ 和弦长 c_i 来确定 P_i 点的位置。

如图 3-17 所示,根据几何原理,偏角 Δ_i 等于相应弧长所对的圆心角 Q_i 的一半。

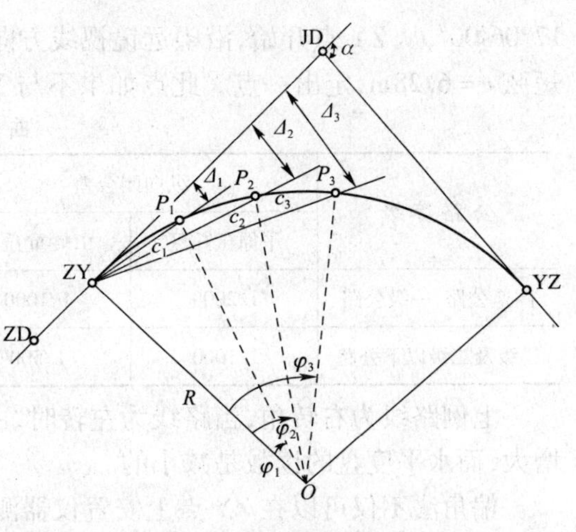

图 3-17　偏角法详细测设圆曲线

【案例 3-2】

同【案例 3-1】,采用偏角法按整桩号设桩,计算各桩的偏角和弦长。设曲线由 ZY 点向 YZ 点测设,计算内容及结果见表 3-9 所列。

测设方法如下:用偏角法详细测设圆曲线的细部点,因测设距离的方法不同,分为长弦偏角法和短弦偏角法两种。前者测量测站至细部点的距离(长弦 C_i),适合于用经纬仪加测距仪(或用全站仪);后者测量相邻细部点之间的距离(短弦 c_i),适合于用经纬仪加钢尺。

偏角法详细测设圆曲线数据计算表　　表 3-9

桩　号	桩点至 ZY 点的曲线长 l_i(m)	偏角值 Δ_i (° ′ ″)	长弦 C_i (m)	短弦 c_i (m)
ZY 桩:K2 +906.90	0.00	00 00 00	0	0
+920	13.10	1 52 35	13.10	13.10
+940	33.10	4 44 28	33.06	19.99
+960	53.10	7 36 22	52.94	19.99
QZ 桩:K2 +966.59	59.69	8 33 00	59.47	6.59
+980	73.10	10 28 15	72.69	13.41
K3 +000	93.10	13 20 08	92.26	19.99
+020	113.10	16 12 01	111.60	19.99
YZ 桩:K3 +026.28	119.38	17 06 00	117.62	6.28

注:①用公式 $\Delta_i = l_i/(2R)$ (rad)计算的偏角单位为弧度,应将其换算为度、分、秒。

②表中长弦指桩点到曲线起点(ZY)的弦长。

③短弦指相邻两桩点间的弦长。

具体测设步骤如下:

(1)安置经纬仪(或全站仪)于曲线起点(ZY)上,盘左瞄准交点(JD),将水平盘读数设置为 0°00′00″。

(2)水平转动照准部,使水平度盘读数为:+920 桩的偏角值 $\Delta_1 = 1°52'35''$,然后,从 ZY 点开始,沿望远镜视线方向量测出长弦 $C_1 = 13.10$m,定出 P_1 点,即为 K2 +920 的桩位。

(3)再继续水平转动照准部,使水平度盘读数为:+940 桩的偏角值 $\Delta_2 = 4°44'28''$,从 ZY 点开始,沿望远镜视线方向量测长弦 $C_2 = 33.06$m,定出 P_2 点。

(4)测设至曲线终点(YZ)作为检核,继续水平转动照准部。使水平度盘读数为 $\Delta_{YZ} =$

17°06′00″,从 ZY 点开始,沿望远镜视线方向量测出长弦 $C_{YZ}=117.62$m,或从 K3 + 020 桩测设短弦 $c=6.28$m,定出一点。此点如果不与 YZ 不重合,其闭合差应符合表 3-10 所列规定。

曲线闭合差　　表 3-10

公路等级	纵向闭合差		横向闭合差(cm)		曲线偏角闭合差(″)
	平原微丘区	山岭重丘区	平原微丘区	山岭重丘区	
高速公路、一级公路	1/2000	1/1000	10	10	60
二级及二级以下公路	1/1000	1/500	10	15	120

上例路线为右转角,当路线为左转时,由于经纬仪的水平度盘注记为顺时针增加,则偏角增大,而水平度盘的读数是减小的。

偏角法不仅可以在 ZY 点上安置仪器测设曲线,而且还可在 YZ 或 QZ 点上安置仪器进行测设,也可以将仪器安置在曲线任一点上测设。这是一种测设精度较高,适用性较强的常用方法。但在用短弦偏角法时存在测点误差累积的缺点,所以宜采取从曲线两端向中点或自中点向两端测设曲线的方法。

二、带有缓和曲线的平曲线测设

一般情况下,缓和曲线起于直线,插入圆曲线,与直线相接的点为缓和曲线的起点,记为 ZH 或 HZ 点,与圆曲线相切的点为缓和曲线的终点,记为 HY 或 YH 点。为了能在直线和圆曲线之间插入缓和曲线,必须将原有圆曲线向内移动一定的距离 p。圆曲线向内移动有两种方法:一种是圆心不变,圆曲线半径减小,从而达到圆曲线内移的目的;另一种是半径不变,圆心沿分角线方向内移,以达到圆曲线内移的目的。由于后者是不平行移动,圆曲线上各点的内移值不相等,测设工作麻烦,因此采用第一种方法。采用圆心不动的平行移动方法时,将平曲线未设缓和曲线时的圆曲线半径设为 $R+p$,插入缓和曲线时,向内移动 p 后,圆曲线半径为 R。

平曲线设置缓和曲线时,一般常用的组合是:直线—缓和曲线—圆曲线—缓和曲线—直线,即基本型。其设计方法及步骤如下:

1. 计算缓和曲线常数

1)缓和曲线的切线角

(1)缓和曲线上任意点的切线角 β_x

缓和曲线的切线角是指缓和曲线上任意点的切线与该缓和曲线起点的切线所成夹角。

$$\beta_x=\frac{l^2}{2L_sR} \tag{3-15}$$

(2)缓和曲线的总切线角 β_h

当到达缓和曲线终点时,即当 $l=L_s$ 时

$$\beta_h=\frac{L_s}{2R} \tag{3-16}$$

式中:l——从缓和曲线起点 ZH(HZ)点至缓和曲线上任意一点之弧长(m);

L_s——缓和曲线全长(m);

R——缓和曲线终点处 HY(YH) 点的半径,即圆曲线半径(m);

β_x——缓和曲线任意一点的切线角(rad);

β_h——缓和曲线终点处 YH(HY)的总切线角(rad)。

2）设置缓和曲线后的切线增长值

$$q=\frac{L_s}{2}-\frac{L_s^3}{240R^2} \tag{3-17}$$

3）设有缓和曲线后圆曲线的内移值

$$P=\frac{L_s^2}{24\mathrm{R}} \tag{3-18}$$

2. 计算缓和曲线直角坐标

如图 3-18 所示，在任意一点 P 处取一微分弧段 $\mathrm{d}l$，则有 $\mathrm{d}x=\mathrm{d}l\cdot\sin\beta_x$，$\mathrm{d}y=\mathrm{d}l\cdot\cos\beta_x$，将 $\sin\beta_x$ 和 $\cos\beta_x$ 用函数幂级数展开，同时将 $\beta_x=\frac{l^2}{2L_s\mathrm{R}}$ 代入并分别对其进行积分，略去高次项得缓和曲线上任意一点的直角坐标为：

$$\begin{cases}x=l-\dfrac{l^5}{40R^2L_s^2}\\ y=\dfrac{l^3}{6RL_s}-\dfrac{l^7}{336R^3L_s^3}\end{cases} \tag{3-19}$$

当 $l=L_s$ 时，缓和曲线终点的直角坐标为：

$$\begin{cases}X_h=L_S-\dfrac{L_s^3}{40R^2}\\ Y_h=\dfrac{L_s^2}{6R}-\dfrac{L_s^4}{336R^3}\end{cases} \tag{3-20}$$

式中：x——缓和曲线上任意一点的横坐标；

y——缓和曲线上任意一点的纵坐标；

X_h——缓和曲线终点处的横坐标；

Y_h——缓和曲线终点处的纵坐标；

L_s——缓和曲线长（m）。

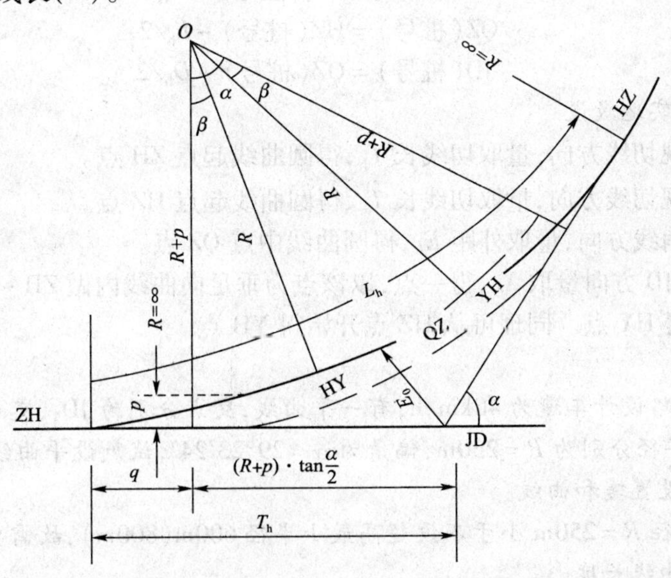

图 3-18　带有缓和曲线的平曲线设计图

3. 计算平曲线要素

切线长：$$T_h=(R+p)\tan\frac{\alpha}{2}+q \tag{3-21}$$

圆曲线长：$$L_y=(\alpha-2\beta)\frac{\pi}{180°}R=L_h-2L_s \tag{3-22}$$

平曲线总长：$$L_h=(\alpha-2\beta)\frac{\pi}{180°}R+2L_s$$

$$=\alpha\frac{\pi}{180°}R+L_s \tag{3-23}$$

外距：$$E_h=(R+p)\sec\frac{\alpha}{2}-R \tag{3-24}$$

切曲差：$$D_h=2T_h-L_h \tag{3-25}$$

式中：T_h——切线长(m)；

L_y——平曲线中圆曲线长(m)；

L_h——平曲线中长(m)；

L_s——缓和曲线长(m)；

E_h——外距(m)；

D_h——切曲差或校正值 J(m)；

R——圆曲线半径(m)；

α——转角(°)；

β——转角(°)。

4. 计算平曲线主点桩号

ZH(桩号) = JD(桩号) − T_h (3-26)

HY(桩号) = ZH(桩号) + L_s

YH(桩号) = HY(桩号) + L_y

HZ(桩号) = YH(桩号) + L_s

QZ(桩号) = HZ(桩号) − $L_h/2$

JD(桩号) = QZ(桩号) + $D_h/2$

5. 平曲线主点实地敷设

在 JD 处沿后视切线方向，量取切线长 T_h，得圆曲线起点 ZH 点。

在 JD 处沿前视切线方向，量取切线长 T_h，得圆曲线起点 HZ 点。

在 JD 处沿分角线方向，量取外距 E_h，得圆曲线中点 QZ 点。

在 ZH 点处沿 JD 方向量取 X_h，得一点，以该点为垂足向曲线内做 ZH ~ JD 段的垂线，沿垂线方向量取 Y_h 即得 HY 点。同理可从 HZ 点开始得 YH 点。

【案例 3-3】

某新建二级公路设计车速为 40km/h，有一平曲线，交点分别为 JD_3，交点桩号分别为 K6 + 560.56，其平曲线半径分别为 $R=250$m，偏角为 $\alpha=29°23'24''$，试敷设平曲线并计算主点里程。

(1) 确定是否设置缓和曲线

因为平曲线半径 $R=250$m 小于不设超高最小半径 600m(800m)，故需要设置缓和曲线。

(2) 确定缓和曲线长度

由题意可知，该公路为二级公路。其设计车速 40km/h，查表得缓和曲线 $l_s=50$m。

$$\beta_0 = \frac{L_s}{2R}\frac{180°}{\pi} = 5°43'46''$$

$$2\beta = 11°27'33'' \leqslant \alpha(\text{符合要求})$$

故,缓和曲线 $L_s = 50\text{m}$ 符合标准的要求。

(3)平曲线要素

$$p = \frac{L_s^2}{24R} = 0.427\text{m}$$

$$q = \frac{L_s}{2} - \frac{L_s^3}{240R^2} = 24.99\text{m}$$

$$T_h = (R + p)\tan\frac{\alpha}{2} + q = 88.61\text{m}$$

$$L_h = \alpha\frac{\pi}{180°}R + L_s = 174.39\text{m}$$

$$L_y = L_h - 2L_s = 74.39\text{m}$$

$$E_h = (R + p)\sec\frac{\alpha}{2} - R = 8.38\text{m}$$

$$D_h = 2T_h - L_h = 2.83\text{m}$$

(4)平曲线主点桩桩号

JD_3	K6 +560.56
$-T_h$	88.61
ZH	K6 +471.95
$+L_s$	+50
HY	K6 +521.95
$+L_y$	74.39
YH	K6 +596.34
$+L_y$	50
HZ	K6 +646.34
$-L_h/2$	87.195
QZ	K6 +559.15
$+D_h/2$	1.415
JD_3	K6 + 560.56(计算无误)

(5)计算缓和曲线的直角坐标

$$X_h = L_s - \frac{L_s^3}{40R^2} = 49.95$$

$$Y_h = \frac{L_s^2}{6R} - \frac{L_s^4}{336R^3} = 1.67$$

(6)平曲线主点实地敷设

在 JD 处沿后视切线方向,量取切线长 $T_h = 88.61$,得圆曲线起点 ZH 点。

在 JD 处沿前视切线方向,量取切线长 $T_h = 88.61$,得圆曲线起点 HZ 点。

在 JD 处沿分角线方向,量取外距 $E_h = 8.38$,得圆曲线中点 QZ 点。

在 ZH 点处沿 JD 方向量取 $X_h = 49.95$,得一点,以该点为垂足向曲线内做 ZH ~ JD 段的垂线，沿垂线方向量取 $Y_h = 1.67$ 即得 HY 点。

在 HZ 点处沿 JD 方向量取 $X_h = 49.95$，得一点，以该点为垂足向曲线内做 HZ ~ JD 段的垂线，沿垂线方向量取 $Y_h = 1.67$ 即得 YH 点，敷设完毕。

6. 切线支距法详细测设带有缓和曲线的平曲线

切线支距法是以 ZH 点（对于前半曲线）或 HZ 点（对于后半曲线）为坐标原点，以过原点的切线为 x 轴，过原点的半径为 y 轴，利用缓和曲线段和圆曲线段上的各点的坐标（x,y）测设曲线，如图 3-19 所示。

在缓和曲线段上各点坐标（x,y）可按缓和曲线的参数方程求得，即：

$$\left.\begin{aligned} x &= l - \frac{l^5}{40R^2L_s^2} \\ y &= \frac{l^3}{6RL_s} - \frac{l^7}{336R^3L_s^3} \end{aligned}\right\} \tag{3-27}$$

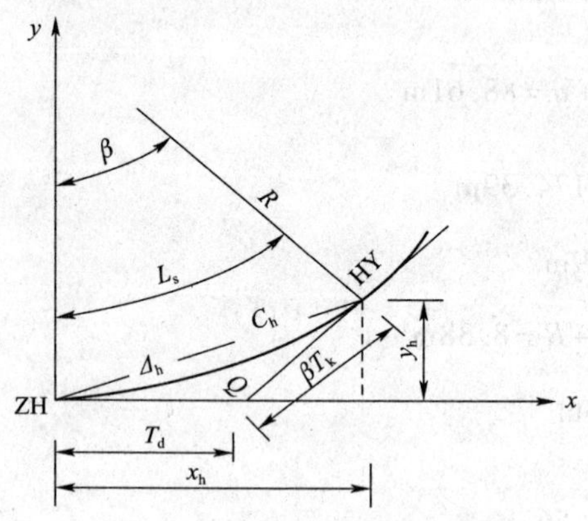

图 3-19 缓和曲线起终点的确定

在圆曲线段上各点的坐标可由图 3-20 按几何关系求得为：

$$\left.\begin{aligned} x &= R \cdot \sin\varphi + q \\ y &= R(1 - \cos\varphi) + p \end{aligned}\right\} \tag{3-28}$$

式中：$\varphi = \frac{l - L_s}{R} \times \frac{180°}{\pi} + \beta_0$ （°）；

l——该点至 ZH 或 HY 点的曲线长。

在计算出缓和曲线段上和圆曲线段上各点的坐标（x,y）后，即可按用切线支距法测设圆曲线的同样方法进行测设。

另外，圆曲线上各点也可以缓圆点 HY 或圆缓点 YH 为坐标原点，用切线支距法进行测设。此时只要将 HY 或 YH 点的切线定出。如图 3-21 所示，计算出 T_d 之长度后，HY 或 YH 点的切线即可确定。T_d 可由下式计算：

$$T_d = x_0 - \frac{y_0}{\tan\beta_0} = \frac{2}{3}L_s + \frac{L_s^3}{360R^2} \tag{3-29}$$

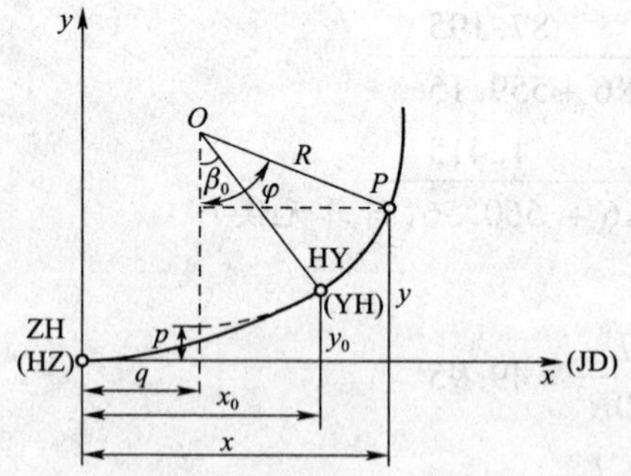

图 3-20 圆曲线段上点的坐标

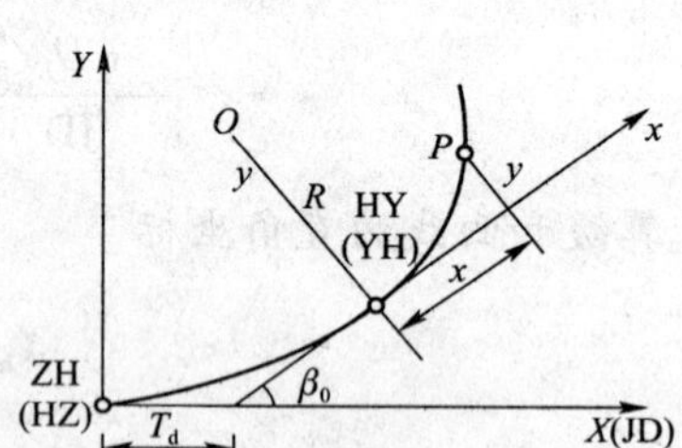

图 3-21 HY 或 YH 的切线方向

7. 偏角法详细测设带有缓和曲线的平曲线

用偏角法详细测设带有缓和曲线的平曲线时，其偏角应分为缓和曲线段上的偏角与圆曲线段上的偏角两部分进行计算。

1）缓和段上各点测设

对于测设缓和曲线段上的各点，可将经纬仪安置于缓和曲线的 ZH 点（或 HZ 点）上进行

测设,如图3-22所示,设缓和曲线上任一点 P 的偏角值为 δ,由图可知:

$$\tan\delta = \frac{y}{x} \tag{3-30}$$

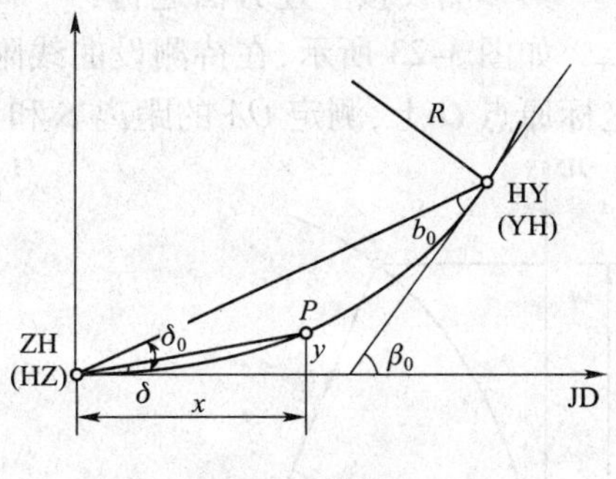

图3-22 偏角法

式中的 x、y 为 P 点的直角坐标,可由曲线参数方程式求得,由此求得:

$$\delta = \arctan\frac{y}{x} \tag{3-31}$$

在实测中,因偏角 δ 较小,一般取:

$$\delta \approx \tan\delta = \frac{y}{x} \tag{3-32}$$

将曲线参数方程式中 x、y 代入上式得(取第一项):

$$\delta = \frac{l^2}{6RL_s} \tag{3-33}$$

在上式中,当 $l = L_s$ 时得缓圆点HY或圆缓点YH的偏角值 δ_0,称之为缓和曲线的总偏角,即:

$$\delta_0 = \frac{L_s}{6R} \tag{3-34}$$

由于 $\beta_0 = \frac{L_s}{2R}$,所以有:

$$\delta_0 = \frac{1}{3}\beta_0 \tag{3-35}$$

由此可得:

$$\delta = \left(\frac{l}{L_s}\right)^2\delta_0 = \frac{1}{3}\left(\frac{l}{L_s}\right)^2\beta_0 \tag{3-36}$$

在计算出缓和曲线上各点的偏角值后,采用与偏角法测设圆曲线同样的步骤进行缓和曲线的测设。由于缓和曲线±弦长 $c = l - \frac{l^5}{90R^2L_s^2}$,近似地等于相应的弧长,因而在测设时,弦长一般就取弧长值。

2)圆曲线段上各点测设

对于圆曲线段上各点的测设,应将仪器按置于HY或YH点上进行。这时只要定出HY或YH点的切线方向,就可按前面所讲的无缓和曲线的圆曲线的测设方法进行。如图3-22所示,关键是计算 b_0,显然有:

$$b_0 = \beta_0 - \delta_0 = \beta_0 - \frac{1}{3}\beta_0 = \frac{2}{3}\beta_0 \tag{3-37}$$

将 b_0 求得后,将仪器安置于HY点上,瞄准ZH点,将水平度盘读数配置为 b_0(当曲线右转时,应配置为 $360° - b_0$)后,旋转照准部,使水平度盘的读数为0°00′00″后,倒镜,此时视线方向即为HY点的切线方向,然后按前述偏角法测设圆曲线段上各点。

8.极坐标法详细测设带有缓和曲线的平曲线

由于全站仪在公路工程中的广泛使用,极坐标法已成为曲线测设的一种简便、迅速、精确的方法。用极坐标法测设带有缓和曲线的平曲线时,首先设定一个直角坐标系:一般以ZH或HZ点为坐标原点。以其切线方向为 x 轴,并且正向朝向交点JD,自 x 轴正向顺时针旋转90°为 y 轴正向。这时,曲线上任一点 P 的坐标(x_P,y_P)仍可按相关公式计算。但当曲线位于 x_P

轴正向左侧时，y_P 应为负值。

具体测设按下述方法进行：

如图 3-23 所示，在待测设曲线附近选择一视野开阔，便于安置仪器的点 A，将仪器安置于坐标原点 O 上，测定 OA 的距离 S 和 x 轴正向顺时针至 A 点的角度 α_{OA}（即直线 OA 在设定坐标系中的方位角），则 A 点的坐标为：

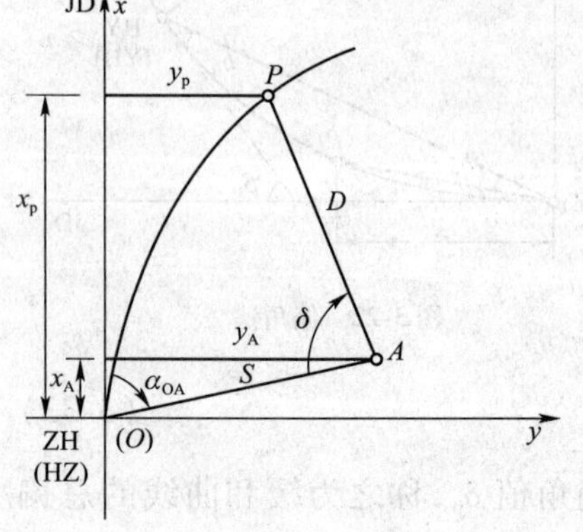

图 3-23　极坐标法

$$\left.\begin{aligned} x_A &= S \cdot \cos\alpha_{OA} \\ y_A &= S \cdot \sin\alpha_{OA} \end{aligned}\right\} \tag{3-38}$$

直线 OA 和 AP 在该设定的坐标系中的方位角为：

$$\left.\begin{aligned} \alpha_{OA} &= \alpha_{OA} \pm 180^\circ \\ \alpha_{AP} &= \arctan\frac{y_P - y_A}{x_P - x_A} \end{aligned}\right\} \tag{3-39}$$

则：

$$\left.\begin{aligned} \delta &= \alpha_{AP} - \alpha_{AO} \\ D_{AP} &= \sqrt{(x_P - x_A)^2 + (y_P - y_A)^2} \end{aligned}\right\} \tag{3-40}$$

在按上述算式计算出曲线上各点测设角度和距离后，将仪器安置在 A 点上，后视坐标原点，并将水平度盘配制为 0°00′00″，然后转动照准部，拨水平角 δ，便得到 A 点至 P 点的方向线，沿此方向线，测定距离 D_{AP} 即得待测点 P 的地面位置，按此方法便可将曲线上各点的位置测定。

极坐标法除可按上述方法测设外，还可按前述不带缓和曲线的圆曲线详细测设中的极坐标法进行。

三、其他情况时平曲线的测设

1. 虚交法

一般情况下，虚交是当交点落入河水、深谷等处，或遇到建筑物无法架设仪器进行测量时的一种处理方法。在平曲线设计时，也可用此方法解决交点间距较短的问题。

如图 3-24 所示，量取 $A(JD_a)$、$B(JD_b)$ 之间的距离长度 AB，则有：

$$a = \frac{\sin\alpha_A}{\sin\alpha}AB \tag{3-41}$$

$$b = \frac{\sin\alpha_B}{\sin\alpha}AB$$

$$\alpha = \alpha_A + \alpha_B$$

根据选定半径 R 和 α，可计算 T、L、E、D，可得 ZY 与 A 点，YZ 与 B 点之间的距离 T_A 和 T_B。

$$\begin{aligned} T_A &= T - b \\ T_B &= T - a \end{aligned} \tag{3-42}$$

式中：a、b——虚交三角形边长(m)；

AB——辅助交点间距，即辅助基线长，实测求得(m)；

α_A、α_B——辅助交点转角，实测求得；

T_A、T_B——辅助交点至曲线起、终点距离(m)；

T——按单交点曲线计算的切线长(m)；

α——路线转角，$\alpha = \alpha_A + \alpha_B$。

曲线中点(QZ)的测设:如图3-24所示,根据三角形的定理,$\angle GFC = \angle FGC = \alpha/2$,则:

$T' = R\tan\dfrac{\alpha}{4}$。实际敷设时,从ZY点向JD方向量取$T'$,得$F$点。从YZ点向JD方向量取$T'$,得$G$点。从$F$(或$G$)点向$G$(或$F$点)方向量取$T'$,即得QZ点。

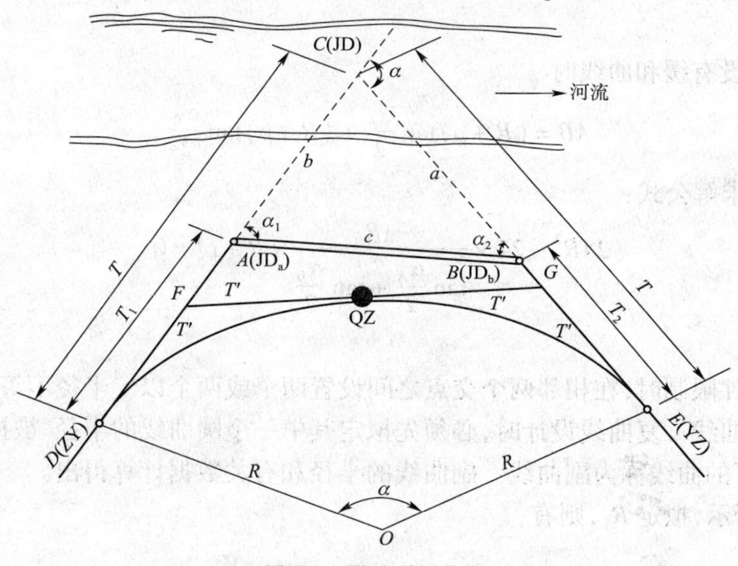

图3-24　虚交单圆曲线

2. 双交点法

双交点法一般用于两个交点间距较小时,取消交点之间的夹直线,将两个同向平曲线按切基线设计成一个单曲线的情形,如图3-25所示。

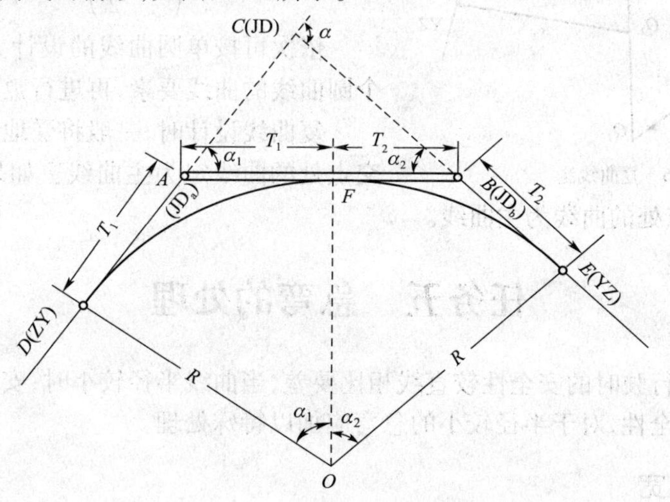

图3-25　双交点曲线

1)当平曲线不设缓和曲线时

因为:$T_1 = R\tan\dfrac{\alpha_1}{2}$

$$T_2 = R\tan\frac{\alpha_2}{2}$$

则:$T_1 + T_2 = R\tan\dfrac{\alpha}{2} + R\tan\dfrac{\alpha_2}{2} = AB$

得：
$$R = \frac{T_1 + T_2}{\tan\frac{\alpha_1}{2} + \tan\frac{\alpha_2}{2}} \tag{3-43}$$

计算出圆曲线半径 R 后，按单圆曲线计算并敷设。需要注意的是，该曲线由 GQ 点替换 QZ 点。

2）当平曲线设有缓和曲线时

$$AB = (R+p)\tan\frac{\alpha_A}{2} + (R+p)\tan\frac{\alpha_B}{2}$$

可以得以下求解公式：

$$24R^2 - 24 \times \frac{AB}{\tan\frac{\alpha_A}{2} + \tan\frac{\alpha_B}{2}} \times R + L_s^2 = 0$$

3. 复曲线法

当受地形条件限制时，在相邻两个交点之间设置两个或两个以上半径不等的同向平曲线，该组曲线称为复曲线。复曲线设计时，必须先拟定其中一个圆曲线的半径，被拟定半径的曲线称为主曲线，余下的曲线称为副曲线。副曲线的半径和有关数据计算得出。

如图 3-26 所示，拟定 R_1，则有：

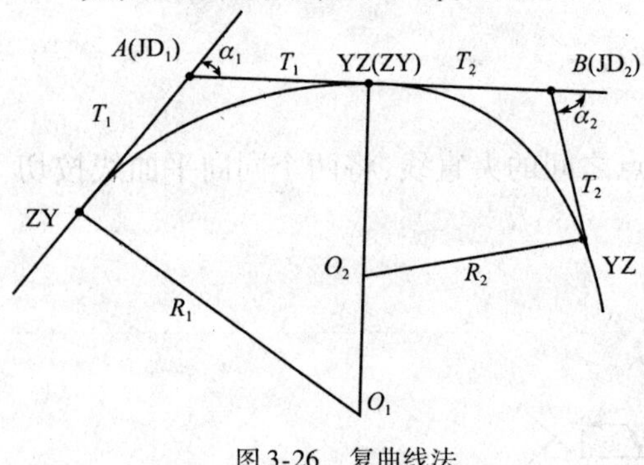

图 3-26　复曲线法

$$T_1 = R_1 \tan\frac{\alpha_1}{2}$$

$$T_2 = AB - T_1$$

而 $R_2 = T_2 \Big/ \left(\tan\frac{\alpha_2}{2}\right)$

依次可按单圆曲线的设计方法分别计算出两个圆曲线的曲线要素，再进行敷设。

复曲线设计时，一般将受地形等条件限制较多交点处的曲线定为主曲线。如果受限制条件差不多，则转角较大交点处的曲线为主曲线。

任务五　急弯的处理

汽车在弯道上行驶时的安全性较直线相比要差，当曲线半径较小时，安全性就更差。为了保证汽车行驶的安全性，对于半径较小的急弯应加以特殊处理。

一、平曲线加宽

1. 加宽的原因

从图 3-27 可知，汽车在曲线上行驶时，其 4 个车轮轨迹半径不同，其中前轴外轮半径最大，后轴内轮半径最小，因而需要比直线上更大的宽度。此外，汽车在曲线上行驶，其行驶轨迹并不完全与理论行驶轨迹相吻合，而是有一定的摆动偏移，故需要路面加宽来弥补，以确保安全。这种在曲线上适当拓宽路面的形式称为平曲线加宽。

2. 平曲线设置加宽的条件

我国《标准》规定，当平曲线半径小于或等于 250m 时，应在平曲线内侧设置加宽。

3. 加宽的过渡

1）加宽过渡段

在平曲线上加宽时，应在圆曲线上全加宽，在主曲线的两端设置加宽过渡段，其长度一般与超高过渡段或缓和曲线长相同。当圆曲线不设超高仅有加宽时，加宽过渡段长度应按加宽渐变率 1∶15 且长度不应小于 10m 的要求设置。

2）加宽过渡方式

二级公路、三级公路、四级公路的加宽过渡段的设置，应采用在相应的回旋线或超高、加宽过渡段全长范围内，按其长度成比例增加的方式进行。

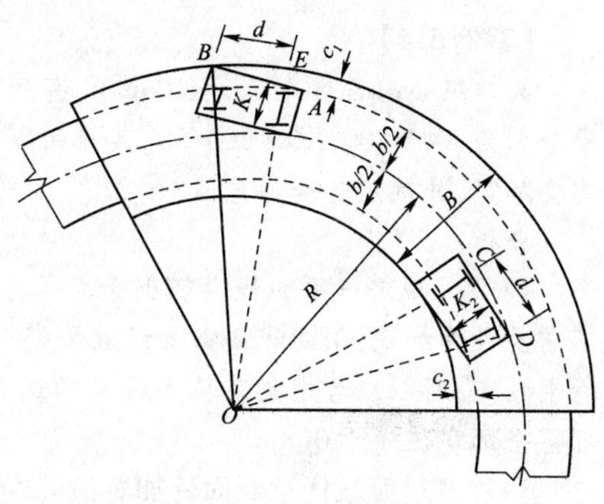

图 3-27　圆曲线的加宽

对于高等级公路，宜采用高次抛物线过渡形式。

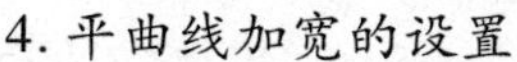

4. 平曲线加宽的设置

1）加宽的规定与要求

二级公路、三级公路、四级公路的圆曲线半径小于或等于 250m 时，应统一在平曲线内侧加宽。

2）圆曲线全加宽值的确定

（1）根据公路等级、地形及适用对象的情况确定平曲线加宽值属于第几类加宽值。

（2）根据加宽类别和平曲线半径，查表 3-11 平曲线加宽值，可确定该平曲线的加宽值。双车道路面的全加宽值见表 3-11。单车道公路路面加宽值按表列数值折半。由 3 条以上车道构成的行车道，其全加宽值应另行计算。

平曲线加宽值　　表 3-11

加宽类别	加宽值（m）／圆曲线半径（m）／汽车轴距加前悬（m）	≤250 ~200	<200 ~150	<150 ~100	<100 ~70	<70 ~50	<50 ~30	<30 ~25	<25 ~20	<20 ~15
1	5	0.4	0.6	0.8	1.0	1.2	1.4	1.8	2.2	2.5
2	8	0.6	0.7	0.9	1.2	1.5	2.0	—	—	—
3	5.2 + 8.8	0.8	1.0	1.5	2.0	2.5	—	—	—	—

（3）各级公路的路面加宽后，路基也应相应加宽。四级公路路基采用 6.5m 以上宽度时，当路面加宽后剩余的路肩宽度不小于 0.5m 时则路基可不予加宽；小于 0.5m 时则应加宽路基以保证路肩宽度不小于 0.5m。

（4）双车道公路采用强制性措施实行分向行驶的路段，其圆曲线半径较小时，内侧车道的加宽值应大于外侧车道的加宽值，设计时应通过计算确定其差值。

（5）对于 $R>250\text{m}$ 的圆曲线，由于加宽值很小，可以不加宽。

圆曲线加宽类别应根据该公路的交通组成确定。二级公路以及设计车速为 40km/h 的三级公路有集装箱半挂车通行时，应采用第 3 类加宽值；不经常通行集装箱运输半挂车时，可采用第 2 类加宽值。四级公路和设计车速为 30km/h 的三级公路可采用第 1 类加宽值。

【案例 3-4】

某二级公路设计车速为 60km/h，有两个平曲线，它们对应的交点分别为 JD_1、JD_2，交点桩号分别为 K4 + 800、K6 + 560.56，其平曲线半径分别为 $R_1 = 300m$、$R_2 = 250m$，试问哪个平曲线需要加宽，并确定其全加宽值？

分析：

《标准》规定当平曲线半径小于或等于 250m 时，应在平曲线内侧设置加宽。故平曲线 1 不需要设置加宽，平曲线 2 需要设置加宽。因为资料没有显示该公路是否经常通行集装箱运输半挂车，所以应考虑集装箱半挂车的通行，采用第三类加宽值。根据 $R_2 = 250m$，查表 3-11 可得全加宽值等于 0.8m。

3）加宽过渡段任意断面处加宽值的确定

（1）按比例过渡

对于二、三、四级公路，采用在加宽缓和段全长范围内按其长度成正比例增加的方法：

$$b_{jx} = \frac{x}{L_j} B_j \tag{3-44}$$

式中：b_{jx}——缓和段上加宽值；

x——缓和段上任意点至缓和段起点之间的距离；

L_j——加宽缓和段长度；

B_j——全加宽值。

（2）按高次抛物线过渡

对于高等级公路，采用高次抛物线过渡形式，即：

$$b_{jx} = (4k^3 - 3k^4) \cdot B_j \tag{3-45}$$

$$k = \frac{x}{l_h}$$

式中：k——加宽值参数；

l_h——缓和曲线长度（m）；

其他符号同前。

【案例 3-5】

某新建二级公路设计车速为 40km/h，路拱横坡度采用 2%。有一平曲线，交点为 JD_2，桩号分别为 K6 + 560.56，其平曲线半径分别为 $R = 250m$，偏角为 $\alpha = 29°23'24''$，试确定桩号 K6 + 480、K6 + 500、K6 + 540、K6 + 580、K6 + 600 的加宽值。

分析：

（1）《标准》规定当平曲线半径小于或等于 250m 时，应在平曲线内侧设置加宽。因此该处平曲线需要设置加宽。又因为公路等级为二级，其不设超高的最小半径为 600m，而此处平曲线半径为 250m，故需要设置超高。过渡段采用回旋曲线，加宽在超高缓和曲线长度内完成。

（2）因为资料没有显示该公路是否经常通行集装箱运输半挂车，所以应考虑集装箱半挂车的通行，采用第三类加宽值。根据 $R_2 = 250m$，查表 3-11 可得全加宽值等于 0.8m。

（3）根据设计车速等条件，查《标准》得超高缓和曲线长 $l_h = 50m$。经计算，该处曲线的主点桩号分别为 ZH K6 + 471.95；HY K6 + 521.95；YH K6 + 596.34；HZ K6 + 646.34；QZ K6 + 559.15。

（4）按题意，可知 K6 + 540 和 K6 + 560 两个桩号位于 HY ~ YH 段，属于圆曲线全加宽范围内。故 K6 +540 和 K6 +580 的加宽值 $b_j = B_j = 0.80\text{m}$。

K6 +480 位于 ZH ~ HY 段,属于加宽过渡段内,采用比例过渡加宽。

$$x = \text{K6} + 480 - \text{K6} + 471.95 = 8.05\text{m}$$

$$B_{jx} = \frac{x}{L_j}B_j = \frac{8.05}{50} \times 0.80 = 0.13\text{m}$$

即 K6 +480 处的加宽值为 0.13m。

K6 +500 位于 ZH ~ HY 段,属于加宽过渡段内,采用比例过渡加宽。

$$x = \text{K6} + 500 - \text{K6} + 471.95 = 28.05\text{m}$$

$$B_{jx} = \frac{x}{L_j}B_j = \frac{28.05}{50} \times 0.80 = 0.45\text{m}$$

即 K6 +500 处的加宽值为 0.45m。

K6 +600 位于 YH ~ HZ 段,属于加宽过渡段内,采用比例过渡加宽。

$$x = \text{K6} + 646.34 - \text{K6} + 600 = 46.34\text{m}$$

$$B_{jx} = \frac{x}{L_j}B_j = \frac{46.34}{50} \times 0.80 = 0.74\text{m}$$

二、平曲线超高

1. 平曲线设置超高的原因

当汽车在弯道上行驶时,要受到离心力的作用,所以在平曲线设计时,常将弯道外侧车道抬高,构成与内侧车道同坡度的单向坡,这种设置称为平曲线超高,其作用是为了使汽车在平曲线上行驶时能获得一个指向内侧的横向分力,用以克服离心力,减少横向力,从而保证汽车行驶的稳定性及乘客的舒适性。

2. 平曲线设置超高的条件

离心力的大小随车辆的行驶速度增大而增大,当车辆的行驶速度一定时,离心力随弯道半径的减小而增大。当圆曲线的半径小于不设超高的最小半径时,离心力较大,严重影响车辆的行驶安全。因此《规范》规定:圆曲线半径小于不设超高的最小半径时,应在曲线上设置超高。

3. 有关规定和要求

(1)超高缓和段长度应采用 5 倍数,并不小于 10m。

(2)四级公路超高的过渡应在超高过渡段的全长范围内进行。

(3)对线形设计有一定要求的道路,应在超高过渡缓和的起、终点插入一段二次抛物线,使之连接圆滑、舒顺。超高的过渡应在回旋线全长范围内进行,超高及超高缓和段如图 3-28 所示。

(4)各级公路圆曲线部分的全超高横坡度必须大于或等于该公路直线部分的路拱横坡度,以便于排水。

(5)当公路通过城镇,作为城镇道路时,如按正常设置超高有困难,则可视实际情况进行适当的处理,也可按市区道路全超高横坡度取用。

4. 超高的过渡

1)超高过渡段

由直线段的双向路拱横断面逐渐过渡到圆曲线的全超高单向横断面,为了行车的舒适、路容的美观和排水的通畅,其

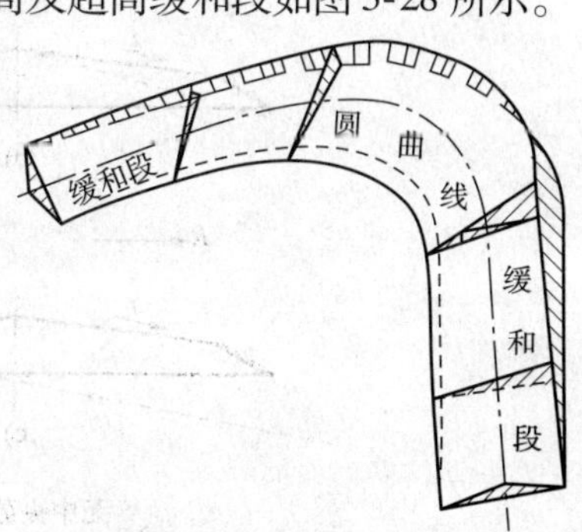

图 3-28　超高及超高缓和段

间必须设置一定长度的超高缓和段。超高的过渡则是在超高缓和段全长范围内进行的。过渡段过长，超高渐变率过小，将导致曲线路段路面排水不畅。因此设置超高时应按排水要求，超高渐变率不得小于0.3%（即不得小于1/330）。

双车道公路超高缓和段长度按下式计算：

$$L_c = \frac{b}{p}\Delta_i \tag{3-46}$$

式中：L_c——超高缓和段长度；

b——旋转轴至行车道外侧边缘的宽度(m)；

Δ_i——超高旋转轴外侧的最大超高横坡度与原路拱横坡度的代数差；

p——超高渐变率（由于逐渐超高而引起外侧边缘纵坡与路线原设计纵坡的差值），见表3-12。

超高渐变率　　表3-12

设计速度(km/h)	超高旋转轴位置		设计速度(km/h)	超高旋转轴位置	
	中轴	边轴		中轴	边轴
120	1/250	1/200	40	1/150	1/100
100	1/225	1/175	30	1/125	1/75
80	1/200	1/150	20	1/100	1/50
60	1/175	1/125			

绕中线旋转时，式(3-46)可写为：

$$L_e = \frac{h}{p} = \frac{b}{2}\frac{i_1 + i_b}{p} \tag{3-47}$$

绕边线旋转时，式(3-46)可写为：

$$L_c = \frac{h}{p} = \frac{b}{p}i_b \tag{3-48}$$

2）超高的过渡方式（图3-29）

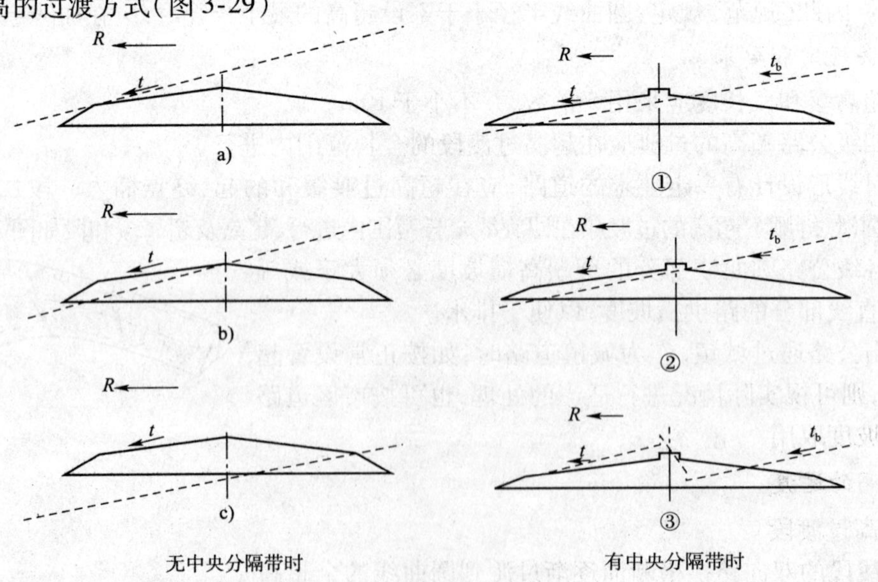

图3-29　公路的超高过渡形式

(1)无中间带公路

①超高横坡度等于路拱横坡度时,将外侧车道绕中线旋转,直至超高横坡度。

②超高横坡度大于路拱横坡度时,分别采用以下 3 种过渡方式:

a. 绕内侧车道边缘旋转(简称内边轴旋转):适用于新建工程。

b. 绕路中线旋转(简称中轴旋转):适用于改建工程。

c. 绕外侧车道边缘旋转(简称外边轴旋转):适用于路基外缘高程受限制或路容美观有特殊要求时。

(2)有中间带公路

①分别绕中央分隔带两侧边缘线旋转:适用于各种宽度中间带的公路。

②绕中间带的中心线旋转:适用于中间带宽度小于或等于 4.5m 的公路。

③分别绕行车道中线旋转:适用于车道数大于 4 条的公路。

(3)分离式路基公路

分离式路基公路的超高过渡方式,宜按无中间带公路分别予以过渡。

3)超高的构成

(1)无中间带公路

①绕内边轴旋转(图 3-30)

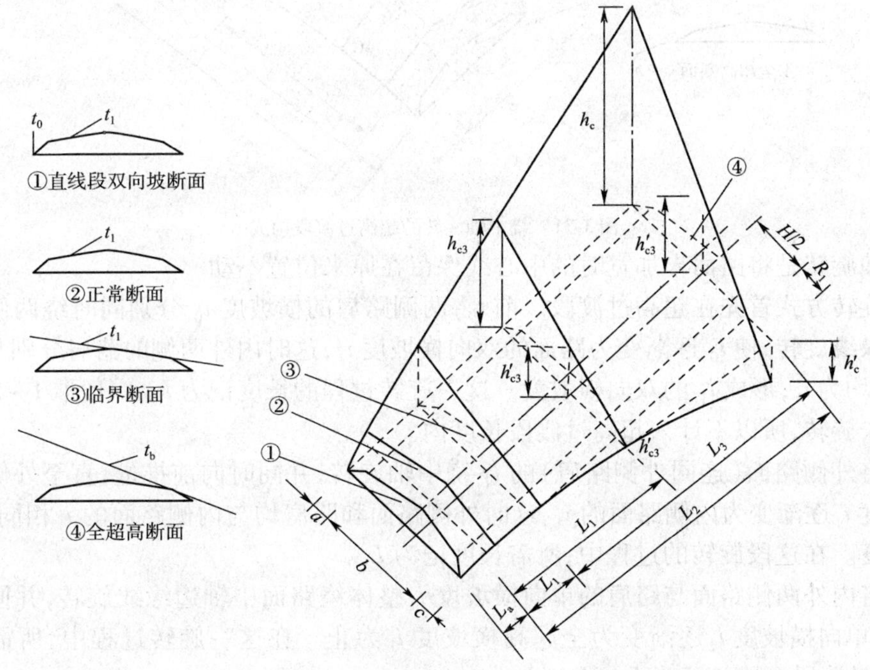

图 3-30　绕内边轴旋转的超高过渡段构成

绕内边轴旋转是将路面未加宽时的内侧边缘线保留在原来位置不动。

这种旋转方式首先在超高过渡段以前,将两侧路肩的横坡度 i_0 分别同时绕两侧路面未加宽时的边缘线旋转,使 i_0 逐渐变为路面的双向横坡度 i_1,这时内外两侧的路肩分别与路面的横坡度相同,均为 i_1,形成 i_1 的双向横坡度。这一旋转过程的长度记为 L_0,一般取 1 ~ 2m,由于此时路面尚未旋转,所以不计入超高过渡段长度内。

然后将外侧路面(连同外侧路肩)的 i_1 绕中轴旋转,并同时向前推进,直至外侧路面与路

肩的横坡度 i_1 逐渐变为内侧路面的 i_1，这时外侧路面和路肩均与内侧路面的 i_1 相同，形成 i_1 的单项横坡度。在这段旋转的过程中，所需长度记为 L_1。

最后将内外两侧路面与路肩的单向横坡度 i_1 整体绕路面未加宽时的内侧边缘线旋转，并同时向前推进，直至使单向横坡度 i_1 逐渐变为全超高横坡度 i_b 为止。在这一旋转过程中，所需长度记为 L_2，则超高过渡段全段长度为 $L_c = L_1 + L_2$。

②绕中轴旋转（图 3-31）

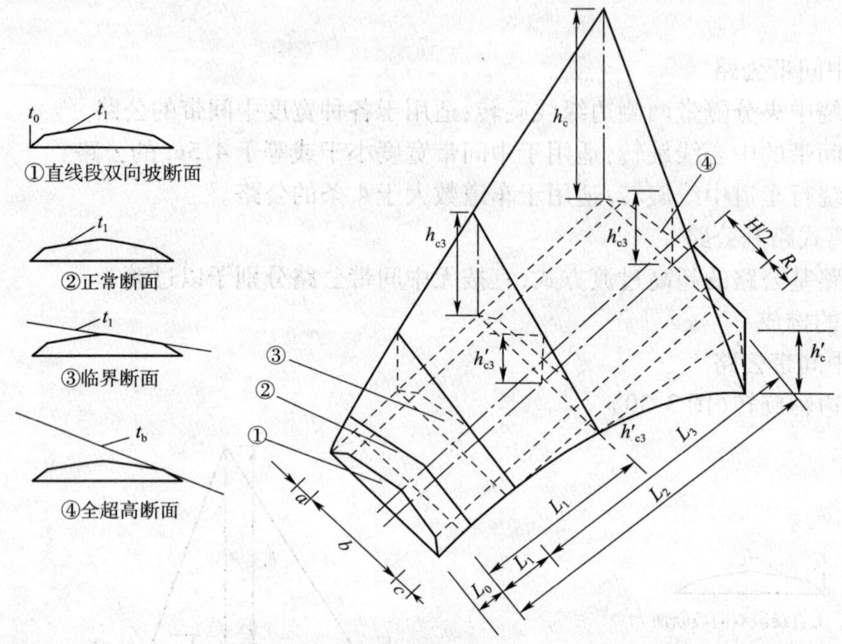

图 3-31　绕中轴旋转的超高过渡段构成

绕中轴旋转是将路面未加宽时的中心线保留在原来位置不动。

这种旋转方式首先在超高过渡段以前，将两侧路肩的横坡度 i_0 分别同时绕两侧路面未加宽时的边缘线旋转，使 i_0 逐渐变为路面的双向横坡度 i_1，这时内外两侧的路肩分别与路面的横坡度相同，均为 i_1，形成 i_1 的双向横坡度。这一旋转过程的长度记为 L_0，一般取 1 ~ 2m，由于此时路面尚未旋转，所以不计入超高过渡段长度内。

然后将外侧路面（连同外侧路肩）的 i_1 绕中轴旋转，并同时向前推进，直至外侧路面与路肩的横坡度 i_1 逐渐变为内侧路面的 i_1，这时外侧路面和路肩均与内侧路面的 i_1 相同，形成 i_1 的单项横坡度。在这段旋转的过程中，所需长度记为 L_1。

最后将内外两侧路面与路肩的单向横坡度 i_1 整体绕路面中轴边缘线旋转，并同时向前推进，直至使单向横坡度 i_1 逐渐变为全超高横坡度 i_b 为止。在这一旋转过程中，所需长度记为 L_2，则超高过渡段全段长度为 $L_c = L_1 + L_2$。

③绕外边轴旋转（图 3-32）

绕外边轴旋转是将路面外侧边缘线保留在原来位置不动。

这种旋转方式首先在超高过渡段以前，将两侧路肩的横坡度 i_0 分别同时绕两侧路面未加宽时的边缘线旋转，使 i_0 逐渐变为路面的双向横坡度 i_1，这时内外两侧的路肩分别与路面的横坡度相同，均为 i_1，形成 i_1 的双向横坡度。这一旋转过程的长度记为 L_0，一般取 1 ~ 2m，由于此时路面尚未旋转，所以不计入超高过渡段长度内。

然后将外侧路面（连同外侧路肩）的 i_1 绕路面外侧边缘线旋转，并同时向前推进。与此同

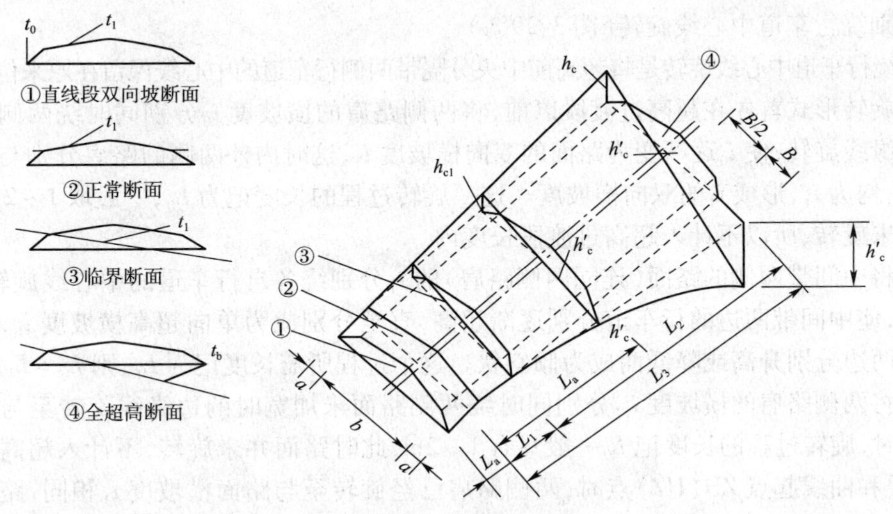

图 3-32　绕外边轴旋转的超高过渡段

时，内侧路面和路肩随中心线的降低而相应降坡，使外侧路面连同路肩的 i_1 逐渐变成同内侧路面和路肩相同的单向横坡度 i_1。在这段旋转的过程中，所需长度记为 L_1。

最后将内外两侧路面与路肩的单向横坡度 i_1 整体绕路面外侧边缘线旋转，并同时向前推进，直至使单向横坡度 i_1 逐渐变为全超高横坡度 i_b 为止。在这一旋转过程中，所需长度记为 L_2，则超高过渡段全段长度为 $L_c = L_1 + L_2$。

（2）有中间带公路

①分别绕中央分隔带两侧边缘线旋转（图 3-29①）

绕中央分隔带两侧边缘线旋转是将超高前的中央分隔带的两侧边缘线保留在原来位置不动。

这种旋转形式首先在超高过渡段以前，将两侧路肩的横坡度 i_0 分别同时绕两侧路面未加宽时的边缘线旋转，使 i_0 逐渐变为路面的双向横坡度 i_1，这时内外两侧的路肩分别与路面的横坡度相同，均为 i_1，形成 i_1 的双向横坡度。这一旋转过程的长度记为 L_0，一般取 1～2m，由于此时路面尚未旋转，所以不计入超高过渡段长度内。

然后将两侧路面（连同两侧路肩）的 i_1 绕中央分隔带各自的边缘线分别作同方向旋转，同时向前推进，使分隔带两侧的路面连同路肩逐渐超高，直至成为两个独立的单向超高横坡度 i_b，这个过程中，中央分隔带始终保持水平状态，所需长度记为 L_1，则 $L_c = L_1$。

②绕中间带的中心线旋转（图 3-29②）

绕中间带的中心线旋转是将中间带的中心线保留在原来位置不动。

这种旋转形式首先在超高过渡段以前，将两侧路肩的横坡度 i_0 分别同时绕两侧路面未加宽时的边缘线旋转，使 i_0 逐渐变为路面的双向横坡度 i_1，这时内外两侧的路肩分别与路面的横坡度相同，均为 i_1，形成 i_1 的双向横坡度。这一旋转过程的长度记为 L_0，一般取 1～2m，由于此时路面尚未旋转，所以不计入超高过渡段长度内。

然后将外侧路面（连同外侧路肩）的 i_1 绕同侧中央分隔带的边缘线旋转，并同时向前推进，直至使外侧路面和路肩的 i_1 逐渐变为内侧路面的 i_1，形成 i_1 的单向横坡度，在这一旋转过程中，所需长度记为 L_1。最后将内外两侧路肩和整个路面绕中间带的中心线旋转，并同时向前推进，直至使单向横坡度 i_1 逐渐变为全超高横坡度 i_b，这个过程所需长度记为 L_2，则 $L_c = L_1 + L_2$。

③分别绕行车道中心线旋转(图3-29③)

分别绕行车道中心线旋转是将超高前中央分隔带两侧行车道的中心线保留在原来位置不动。

这种旋转形式首先在超高过渡段以前,将两侧路肩的横坡度 i_0 分别同时绕两侧路面未加宽时的边缘线旋转,使 i_0 逐渐变为路面的双向横坡度 i_1,这时内外两侧的路肩分别与路面的横坡度相同,均为 i_1,形成 i_1 的双向横坡度。这一旋转过程的长度记为 L_0,一般取1~2m,由于此时路面尚未旋转,所以不计入超高过渡段长度内。

然后将中间带两侧的路面(连同两侧路肩)的 i_1 分别绕各自行车道的中心线旋转,并同时向前推进,使中间带两边的行车道分别逐渐超高,直至分别成为单向超高横坡度 i_b,此时中央分隔带因两边分别升高或降低而成为倾斜状。这个过程所需长度记为 L_1,则 $L_c=L_1$。

由于将两侧路肩的横坡度 i_0 分别同时绕两侧路面未加宽时的边缘线旋转至与路面横坡度 i_1 相同时,旋转过程的长度记 L_0 一般只有1~2m,此时路面并未旋转,不计入超高过渡段长度内,即缓和曲线起点ZH(HZ)点时,两侧路肩已经旋转至与路面横坡度 i_1 相同,路基内外边缘点已经产生超高。

5.超高值的确定

超高的横坡度应根据设计速度、圆曲线半径、路面类型、自然条件和车辆组成等情况确定,必要时应按运行速度予以验算。

超高横坡度的计算:

$$R=\frac{V^2}{127(\mu+i_b)} \tag{3-49}$$

$$i_b=\frac{V^2}{127R}-\mu \tag{3-50}$$

式中:R——圆曲线半径(m);

V——设计车速(km/h);

μ——横向力系数,与车速、乘客的舒适等有关。

为了保证行驶速度慢的车辆在弯道上不产生向内侧滑移现象,特别是冬季路面有积雪结冰情况下,超高横坡不能太大。《规范》限制了各级公路圆曲线最大超高值,见表3-13。

二级公路、三级公路、四级公路接近城镇且混合交通量较大的路段,车速受到限制时,其最大超高值可按《城规》的规定执行,见表3-14。

各级公路圆曲线最大超高值 表3-13

公路等级	高速公路、一级公路	二级公路、三级公路、四级公路
一般地区(%)	8或10	8
积雪冰冻地区(%)	6	

注:高速公路、一级公路正常情况下采用8%;交通组成中小客车比例高时可采用10%。

城市道路圆曲线最大超高值 表3-14

设计速度(km/h)	80	60	40、30、20
超高值(%)	6	4	2

高速公路、一级公路的纵坡较大处,其上、下行车道可采用不同的超高值。

1)圆曲线全超高值的确定

①结合公路所在地区实际情况确定最大超高值。

②根据设计车速、已确定最大超高值以及圆曲线半径,查表3-15得要圆曲线的超高值。

表 3-15

圆曲线半径与超高

公路等级 / 半径(m) / 超高(%)	高速公路								一级公路				二级公路				三级公路				四级公路			
	$v=120$km/h		$v=100$km/h		$v=80$km/h		$v=60$km/h		$v=100$km/h		$v=60$km/h		$v=80$km/h		$v=40$km/h		$v=60$km/h		$v=30$km/h		$v=40$km/h		$v=20$km/h	
	一般情况	积雪冰冻地区	一般情况	积雪冰冻地区	一般情况	积雪冰冻地区	一般情况	积雪冰冻地区	一般情况	积雪冰冻地区	一般情况	积雪冰冻地区	一般情况	积雪冰冻地区	一般情况	积雪冰冻地区	一般情况	积雪冰冻地区	一般情况	积雪冰冻地区	一般情况	积雪冰冻地区	一般情况	积雪冰冻地区
2	<5500 ~3240	<5500 ~1940	<4000 ~1710	<4000 ~1550	<2500 ~1240	<2500 ~1130	<1500 ~810	<1500 ~720	<4000 ~1710	<4000 ~1550	<1500 ~810	<1500 ~720	<2500 ~1210	<2500 ~1130	<600 ~390	<600 ~360	<1500 ~780	<1500 ~720	<350 ~230	<350 ~210	<600 ~390	<600 ~360	<150 ~105	<150 ~95
3	<3240 ~2160	<1940 ~1290	<1710 ~1220	<1550 ~1050	<1240 ~830	<1130 ~750	<810 ~570	<720 ~460	<1710 ~1220	<1550 ~1050	<810 ~570	<720 ~460	<1210 ~840	<1130 ~750	<390 ~270	<360 ~230	<780 ~530	<720 ~460	<230 ~150	<210 ~130	<390 ~270	<360 ~230	<105 ~70	<95 ~60
4	<2160 ~1620	<1290 ~970	<1220 ~950	<1050 ~760	<830 ~620	<750 ~520	<570 ~430	<460 ~300	<1220 ~950	<1050 ~760	<570 ~430	<460 ~300	<840 ~630	<750 ~520	<270 ~200	<230 ~150	<530 ~390	<460 ~300	<150 ~110	<130 ~80	<270 ~200	<230 ~150	<70 ~55	<60 ~40
5	<1620 ~1300	<970 ~780	<950 ~770	<760 ~550	<620 ~500	<520 ~360	<430 ~340	<300 ~190	<950 ~770	<760 ~550	<430 ~340	<300 ~190	<630 ~500	<520 ~360	<200 ~150	<150 ~90	<390 ~300	<300 ~190	<110 ~80	<80 ~50	<200 ~150	<150 ~90	<55 ~40	<40 ~25
6	<1300 ~1080	<780 ~650	<770 ~650	<550 ~400	<500 ~410	<360 ~250	<340 ~280	<190 ~125	<770 ~650	<550 ~400	<340 ~280	<190 ~125	<500 ~410	<360 ~250	<150 ~120	<90 ~60	<300 ~230	<190 ~125	<80 ~60	<50 ~30	<150 ~120	<90 ~60	<40 ~30	<25 ~15
7	<1080 ~930	—	<650 ~560	—	<410 ~350	—	<280 ~230	—	<650 ~560	—	<280 ~230	—	<410 ~320	—	<120 ~90	—	<230 ~170	—	<60 ~50	—	<120 ~90	—	<30 ~20	—
8	<930 ~810	—	<560 ~500	—	<350 ~310	—	<230 ~200	—	<560 ~500	—	<230 ~200	—	<320 ~250	—	<90 ~60	—	<170 ~125	—	<50 ~30	—	<90 ~60	—	<20 ~15	—
9	<810 ~720	—	<500 ~400	—	<310 ~280	—	<200 ~160	—	<500 ~400	—	<200 ~160	—	—	—	—	—	<200 ~160	—	—	—	—	—	—	—
10	<720 ~656	—	<440 ~400	—	<280 ~250	—	<160 ~125	—	<440 ~400	—	<160 ~125	—	—	—	—	—	<160 ~125	—	—	—	—	—	—	—

【案例 3-6】

某二级公路设计车速为 60km/h，路拱横坡度采用 2%。有一平曲线，交点 JD_2 的桩号为 K6 + 560.56，其平曲线半径分别为 $R_2 = 250\text{m}$，试问平曲线是否设置超高，并确定其超高横坡度值。

分析：

设计车速为 60km/h，查表 3-3 得不设超高的圆曲线最小半径值 1500m，该处圆曲线半径为 250m，故需设置超高。依据题意可知该等级公路的最大超高值为 8%；半径 $R = 250\text{m}$，查表 3-13得平曲线的超高值为 6%。

2）超高过渡段任意断面处超高值的确定

为便于道路的施工放样，在设计中一般要计算出路基的左、中、右实际高程，或实际高程与设计高程的差值，该差值即为“超高值”。

对于新建公路二、三、四级公路，圆曲线半径小于不设超高最小半径时，平曲线段超高值计算公式列于表 3-16，计算图式参见绕内边轴旋转的超高过渡段构成。对于改建公路二、三、四级公路超高值计算公式，列于表 3-17，计算图式参见绕中轴旋转的超高过渡段构成。

绕内边轴旋转的超高值计算公式 表 3-16

超高值		计算公式		备注
		$0 \leqslant x \leqslant L_1$（在临界断面之前）	$L_1 \leqslant x \leqslant L_c$（在临界断面之后）	各超高值均与设计高程比较，h''_c 和 h''_{cx} 为降低值 $L_1 = \frac{i_1}{i_b}L_s$ $b_{jx} = \frac{x}{L_s}B_j$
圆曲线段	外缘 h_c	$ai_0 + (a+b)i_b$		
	中线 h'_c	$ai_0 + \frac{b}{2}i_b$		
	内缘 h''_c	$ai_0 - (a+B_j)i_b$		
缓和段	外缘 h_{cx}	$a(i_0 - i_1) + [ai_1 + (a+b)i_b]\frac{x}{L_s}$ 或 $h_{cx} = \frac{x}{L_s}h_c$		
	中线 h'_{cx}	$ai_0 + \frac{b}{2}i_1$	$ai_0 + \frac{b}{2}\frac{x}{L_s}i_b$	
	内缘 h''_{cx}	$ai_0 - (a+b_{jx})i_1$	$ai_0 - (a+b_{jx})\frac{x}{L_s}i_b$	

绕中线旋转的超高值计算公式 表 3-17

超高值		计算公式		备注
		$0 \leqslant x \leqslant L_1$	$L_1 \leqslant x \leqslant L_s$	各超高值均与设计高程比较，h''_c 和 h''_{cx} 为降低值 $L_1 = \frac{2i_1}{i_1 + i_b}L_s$ $B_{jx} = \frac{x}{L_s}B_j$
圆曲线段	外缘 h_c	$a(i_0 - i_1) + \left(a + \frac{b}{2}\right)(i_1 + i_b)$		
	中线 h'_c	$ai_0 + \frac{b}{2}i_1$		
	内缘 h''_c	$ai_0 + \frac{b}{2}i_1 - \left(a + \frac{b}{2} + B_j\right)i_b$		
缓和段	外缘 h_{cx}	$a(i_0 - i_1) + \left(a + \frac{b}{2}\right)\frac{x}{L_s}(i_1 + i_h)$ 或 $h_{cx} = \frac{x}{L_s}h_c$		
	中线 h'_{cx}	$ai_0 + \frac{b}{2}i_1$		
	内缘 h''_{cx}	$ai_0 - (a + B_{jx})i_0$	$ai_0 + \frac{b}{2}i_1 - \left(a + \frac{b}{2} + B_{jx}\right)\frac{x}{L_s}i_b$	

表注：h_c——路肩外边缘最大超高值；

h'_c——路中线最大超高值；

h''_c——路基内边缘最大降低值；

h_{cx}——缓和段上任意断面处，外侧路肩的超高值；

h'_{cx}——缓和段上任意断面处，加宽前路中线的超高值；

h''_{cx}——缓和段上任意断面处，加宽后路肩内边缘的降低值；

L_s——缓和段全长；

L_1——双向坡路面过渡到超高坡度为路拱坡度时所需的临界长度；

B_j——圆曲线部分路基的全加宽值；

B_{jx}——缓和段上 X 距离处路基加宽值；

a——路肩宽度；

b——路面宽度；

i_0——原路肩横坡度；

i_1——原路拱横坡度；

i_b——圆曲线超高横坡度；

x——缓和段内任意点处距缓和段起点的距离。

【案例 3-7】

某新建二级公路设计车速为40km/h，路拱横坡度采用2%，路肩横坡度采用3%，路肩宽度 $a=0.75$m，路面宽度 $b=7.00$m。有一平曲线，交点为 JD_2，桩号分别为 K6 +560.56，其平曲线半径分别为 $R=250$m，偏角为 $\alpha=29°23'24''$，试确定桩号 K6 +480、K6 +521.95、K6 +540、K6 +559.15、K6 +600 的超高值。

分析：

(1)《标准》规定当平曲线半径小于或等于250m 时，应在平曲线内侧设置加宽。因此该处平曲线需要设置加宽。又因为公路等级为二级，其不设超高的最小半径为600m，而此处平曲线半径为250m，故需要设置超高。过渡段采用回旋曲线，加宽在超高缓和曲线长度内完成。

(2)因为资料没有显示该公路是否经常通行集装箱运输半挂车，所以应考虑集装箱半挂车的通行，采用第三类加宽值。根据 $R_2=250$m，查表3-11 可得全加宽值 B_j 等于 0.8m。

(3)资料没有显示该公路处于积雪冰冻地区，因此限定最大超高值取8%，查表可得圆曲线上全超高值 $i_b=4\%$。

(4)根据设计车速等条件，查《标准》得超高缓和曲线长 $l_h=50$m。经计算，该处曲线的主点桩号分别为 ZH K6 + 471.95；HY K6 + 521.95；YH K6 + 596.34；HZ K6 + 646.34；QZ K6 + 559.15。

(5)按题意，可知 K6 +521.95、K6 +540 和 K6 +559.15 三个桩号位于 HY ~ YH 段，属于圆曲线全加宽范围内。加宽值 $b_j=B_j=0.80$m，超高处于全超高状态。

(6)K6 +480 位于 ZH ~ HY 段，属于加宽过渡段内，采用比例过渡加宽。

$$x = \text{K6}+480-\text{K6}+471.95 = 8.05\text{m}$$

$$B_{jx}=\frac{x}{L_j}B_j=\frac{8.05}{50}\times 0.80=0.13\text{m}$$

即 K6 +480 处的加宽值为 0.13m。

K6 +600 位于 YH ~ HZ 段，属于加宽过渡段内，采用比例过渡加宽。

$$x = \text{K6}+646.34-\text{K6}+600 = 46.34\text{m}$$

$$B_{jx}=\frac{x}{L_j}B_j=\frac{46.34}{50}\times 0.80=0.74\text{m}$$

(7)超高值的计算

按题意,超高值方式采用绕内边轴旋转方式。

①HY K6 +521.95 位于 HY ~ YH 段,属于全超高范围内。

$$h_c = ai_0 + (a+b)i_b = 0.75\times3\% + (0.75+7)\times4\% = 0.34\text{m}$$

$$h'_c = ai_0 + \frac{b}{2}i_b = 0.75\times3\% + \frac{7}{2}\times4\% = 0.17\text{m}$$

$$h''_c = ai_0 - (a+B_j)i_b = 0.75\times3\% - (0.75+0.80)\times4\% = -0.04\text{m}$$

K6 +540、QZ K6 +559.15 均位于 HY ~ YH 段,属于全超高范围内,因此超高值同 HY K6 + 521.95。$h_c = 0.34\text{m}$,$h'_c = 0.17\text{m}$,$h''_c = -0.04\text{m}$。

②K6 +480 位于 ZH ~ HY 段,属于超高缓和段内,其加宽值 $B_{jx} = 0.13\text{m}$。

$$x = \text{K6} + 480 - \text{K6} + 471.95 = 8.05\text{m}$$

临界长度:$L_1 = \frac{i_1}{i_b}\times L_c = \frac{2\%}{4\%}\times50 = 25\text{m}$

$0 < X \leqslant L_1$,桩号 K6 +480 位于临界断面之前。

$$h_{cx} = a(i_0 - i_1) + [ai_1 + (a+b)i_b]\frac{x}{L_c} = 0.06\text{m}$$

$$h'_{cx} = ai_0 + \frac{b}{2}i_1 = 0.09\text{m}$$

$$h''_{cx} = ai_0 - (a+B_{jx})i_1 = 0.01\text{m}$$

③K6 +600 位于 YH ~ HZ 段,属于超高缓和段内,其加宽值 $B_{jx} = 0.74\text{m}$。

$$x = \text{K6} + 646.34 - \text{K6} + 600 = 46.34\text{m}$$

$L_1 < X \leqslant L_c$,桩号 K6 +480 位于临界断面之后。

$$h_{cx} = a(i_0 - i_1) + [ai_1 + (a+b)i_b]\frac{x}{L_c} = 0.31\text{m}$$

$$h'_{cx} = ai_0 + \frac{b}{2}\frac{x}{L_c}i_b = 0.15\text{m}$$

$$h''_{cx} = ai_0 - (a+B_{jx})\frac{x}{L_c}i_b = -0.033\text{m}$$

任务六　行 车 视 距

一、认识行车视距

为了保证行车安全,驾驶员应能看到前方一定距离内的公路路面,以便及时发现障碍物或对向来车,使汽车在一定的车速下及时制动或绕过。汽车在这段时间内沿路面所行驶的最短距离称为行车视距。行车轨迹线是指一般取弯道内侧车道路面内缘线(曲线段为路面内侧未加宽前)向路面中心线 1.5m、驾驶员视点离地面高 1.20m、障碍物高 0.1m 线。

行车视距直接关系到汽车行驶的安全与迅速,它是公路主要技术指标之一。因此,无论在公路的平面上或纵断面上,都应保证必要的行车视距。

1. 视距的分类

驾驶员发现路面障碍物或迎面来车时,根据其采取措施不同,行车视距可分为以下几种:

(1)停车视距:汽车行驶时,自驾驶员看到障碍物时起,至在障碍物前安全停止,所需要的最短距离。停车视距包括反应距离、制动距离和安全距离三部分,如图3-33所示。

(2)会车视距:在同一车道上两对向汽车相遇,从互相发现起,至同时采取制动措施使两车安全停止,所需要的最短距离。

(3)错车视距:在没有明确划分车道线的双车道公路上,两对向行驶的汽车之相遇,发现后即采取减速避让措施安全错车所需要的最短距离。

(4)超车视距:在双车道公路上,后车超越前车时,从开始驶离原车道之处起,至在与对向来车相遇之前,完成超车安全回到自己的车道,所需要的最短距离。超车视距由4部分组成:加速行驶距离、超车车辆在对向车道行驶距离、超车完成以后超车汽车与对向汽车之间的安全距离、超车汽车超车过程中对向车辆行驶的距离,如图3-34所示。

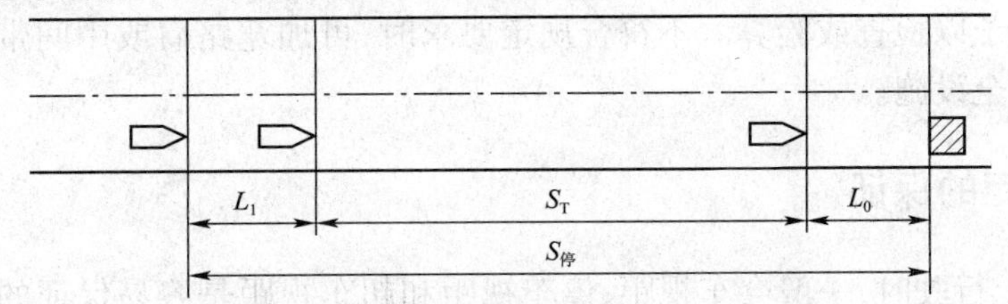

图3-33 停车视距

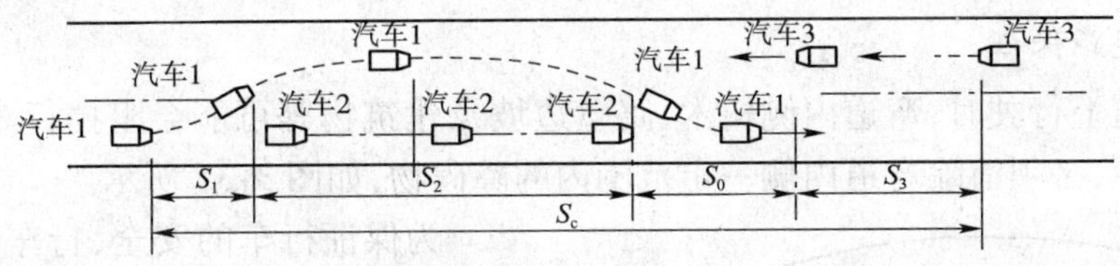

图3-34 超车视距

上述四种视距中,超车视距最长,错车视距最短,前两种属于对向行驶。

2. 视距标准的运用

我国公路设计《规范》中规定:

(1)高速公路、一级公路的视距应满足停车视距的要求。其值《标准》规定见表3-18。

高速公路、一级公路停车视距 表3-18

设计速度(km/h)	80	60	50	45	40	35	30	25	20	15	10
停车视距(m)	110	70	60	45	40	35	30	25	20	15	10

(2)二、三、四级公路视距应满足会车视距要求。其长度不应小于停车视距的两倍。受地形条件或其他特殊情况限制而采取分道行驶措施的地段,可采用停车视距,见表3-19。

二、三、四级公路停车视距、会车视距与超车视距 表3-19

设计速度(km/h)	80	60	40	30	20
停车视距(m)	110	75	40	30	20
会车视距(m)	220	150	80	60	40
超车视距(m)	550	350	200	150	100

(3)高速公路、一级公路以及大型车比例较高的二、三级公路的下坡路段,应采用下坡段货车停车视距对相关路段进行检验。下坡段货车停车视距规定见表3-20。

下坡段货车停车视距 表3-20

设计速度(km/h)	120	100	80	60
停车视距(m)	210	160	110	75

(4)具有干线功能的二级公路宜在3min的行驶时间里,提供一次满足超车视距要求的超车路段。其他双车道公路可根据需要间隔设置具有超车视距的路段。

(5)积雪冰冻地区的停车视距宜适当增长。

(6)平曲线内侧设置的人工构造物,或平曲线内侧挖方边坡妨碍视线,或中间带设置防眩设施时,应对视距予以检查或验算。不符合规定要求时,可加宽路肩或中间带,或将构造物后移,或设置交通安全设施。

二、行车视距的保证

汽车在直线上行驶时,一般会车视距、停车视距和超车视距是容易保证的,而弯道和交叉口的视距保证要相对复杂。

1. 弯道的视距保证

汽车在弯道上行驶时,弯道内侧树木、路堑边坡及建筑物等可能会阻挡行车视线,要保证汽车的平面视距,必须清除弯道内侧一定范围内的障碍物,如图3-35所示。

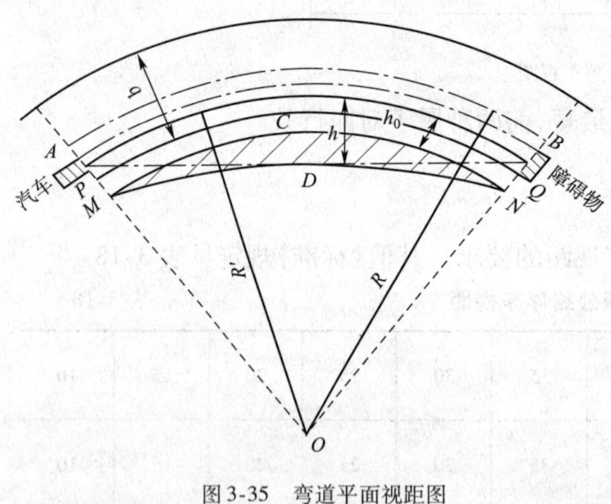

图3-35 弯道平面视距图

为保证行车的安全,行车视距是否能保证公路的设计视距长度要求,通常采用横净距法。横净距是指在曲线路段内侧车道上的汽车驾驶员,为取得前方视距而应保证获得的横向净空范围。内侧车道上驾驶员所需视线AB线与车辆行驶的轨迹线之间的横向距离,即为横净距。设汽车行驶轨迹线至驾驶员视线间的距离为h,障碍物线至行车轨迹线之间的距离为h_0,s为平面视距长度,图中阻碍驾驶员视线的阴影部分为清除范围。则由图3-35可知:

当$h<h_0$时,视距能保证。

当$h>h_0$时,视距不能保证,应进行障碍物清除。

为了保证汽车行驶的平面视距,需通过计算确定最大横净距值h。而h_0值则可在公路横断面图上量取,如图3-36视距台所示。

1)横净距的确定

最大横净距h值是用于路线设计中检查安全行车所必需的视距范围,在该范围内的一切障碍物都应加以清除。

最大横净距的确定,可按有无缓和曲线以及视距与汽车行驶轨迹长度的关系分别进行计算。

2）视距保证的方法与步骤

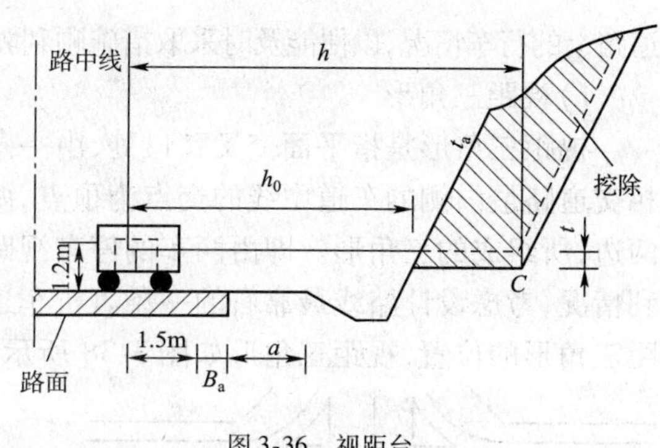

图 3-36　视距台

绘制视距包络图，确定清除障碍物范围。

①按比例绘制弯道平面图及各桩号断面图。

②确定 R_s 并计算 h 值。

③丈量（或量取）行车轨迹线至障碍物线之间的距离 h_0 值。

④判断视距是否保证，若视距不能保证，则需进行下列工作。

⑤在平面图上距曲线起点（或终点）处分别向直线方向沿轨迹线两端量取 s 长度得 o 点及 n 点。

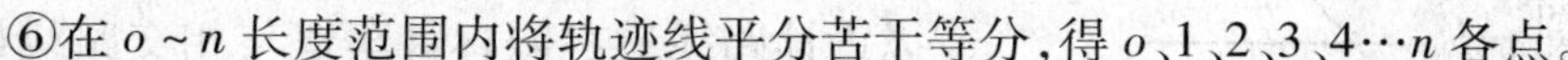

⑥在 $o \sim n$ 长度范围内将轨迹线平分苦干等分，得 o、1、2、3、4…n 各点。

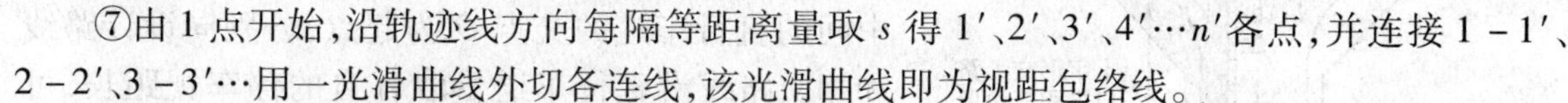

⑦由 1 点开始，沿轨迹线方向每隔等距离量取 s 得 1′、2′、3′、4′…n' 各点，并连接 1 - 1′、2 - 2′、3 - 3′…用一光滑曲线外切各连线，该光滑曲线即为视距包络线。

⑧图中的阴影部分即为视距切除范围。

⑨据平面图与横断面图个相对应的桩号分别在平面图上量取 h_0，如图 3-37 视距包络图中需要切除的范围。

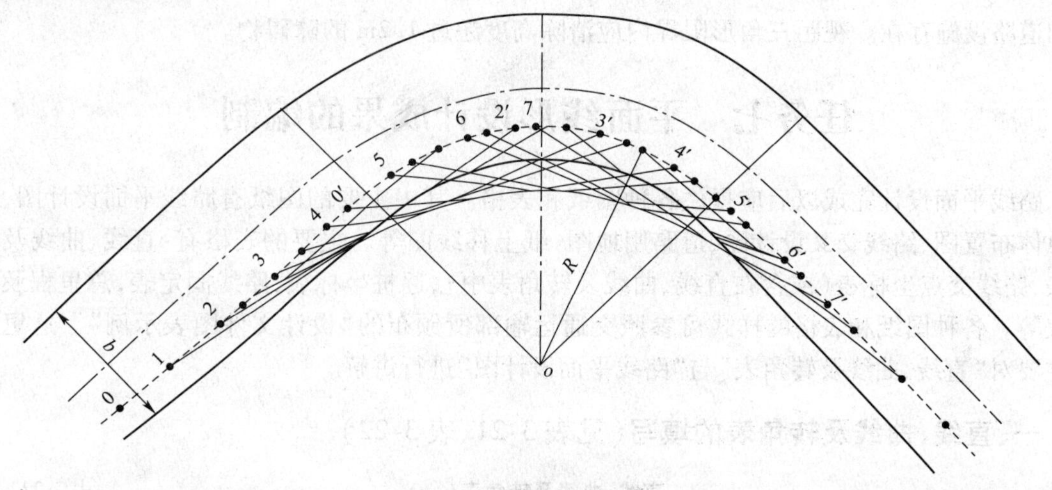

图 3-37　视距包络图

确定横净距后，就可按比例在各桩号的横断图上画出视距台，以供施工放样。如图 3-36 视距台所示，步骤如下：

①按比例画出需要保证设计视距的各桩号横断面图。

②由未加宽时路面内侧边缘向路中心量取 1.5m，并垂直向上量 1.2m 得 A 点，则 A 点为驾驶员眼睛位置。

③由 A 点作水平线，并沿内侧方向量取横净距得 B 点。

④由 B 点垂直向下量取 y 高度得 C 点（由于泥土或碎石落在视距台上影响视线，为保证通视，当土质边坡时，$y = 0.3$m；石质边坡时，$y = 0.1$m）。

⑤由 C 点按边坡比例画出边坡线，则图中影印线部分即为挖除的部分，如图 3-36 所示。

⑥各桩号分别按需要的横净距开挖视距台，连接起来就能保证设计视距。

2. 交叉口的视距保证

为了保证交叉口处车辆的行驶安全，驾驶员在进入交叉口前的一段距离内，应能看到相交道路上的行车情况，以便能及时采取措施顺利驶过或安全停车。这段距离应大于或等于停车视距。

1）视距三角形

视距三角形是指平面交叉路口处，由一条道路进入路口行驶方向的最外侧的车道中线与相交道路最内侧的车道中线的交点为顶点，两条车道中线各按其规定车速停车视距的长度为两边，所组成的三角形。即由两车的停车视距和视线组成了交叉口视距空间和限界。按最不利情况，考虑设计路线最靠右的一条直行车道与相交路线最靠中间的直行车道的组合确定视距三角形的位置，视距三角形如图3-38所示。

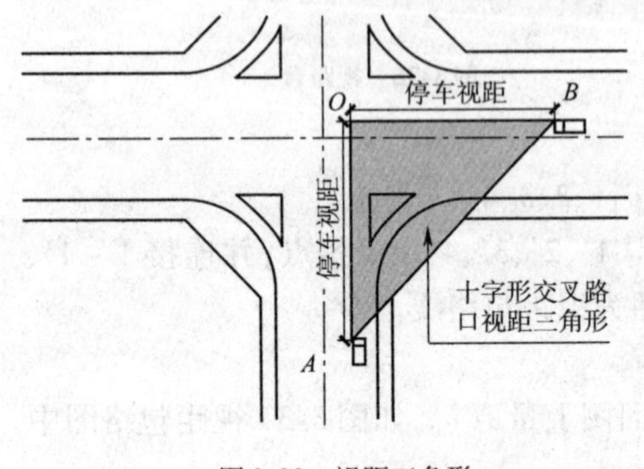

图3-38　视距三角形

2）视距保证的方法和步骤

①根据相交道路的等级及设计车速等因素确定各自的停车视距。

②以设计路线最右侧直行车道与相交路线最靠中间的直行车道的交点 O 为起点，分别向设计路线和相交路线沿直行车道量取各自的停车视距长，可得 A、B 点。

③将 O、A、B 两两相连，即可得视距三角形。

在视距三角形内不允许有阻碍驾驶员视线的物体和道路设施存在。视距三角形限界内应清除高度超过1.2m的障碍物。

任务七　平面线形设计成果的编制

路线平面设计完成以后应提供各种图纸和表格。其中主要的图纸有路线平面设计图、路线总体布置图、路线交叉设计图、道路用地图、纸上移线图等。主要的表格有：直线、曲线及转角表，路线交点坐标表（或含在直线、曲线及转角表中），逐桩坐标表，路线固定表，总里程及断链表等。各种图纸和表格的样式可参照交通运输部所颁布的“设计文件图表示例”。这里仅就主要对“直线、曲线及转角表”与“路线平面设计图”进行讲解。

一、直线、曲线及转角表的填写（见表3-21、表3-22）

直线、曲线及转角表（一）　表3-21

交点号JD	交点桩号	转角值α		曲线要素值(m)								曲线位置		
		左转角 α_x	右转角 α_y	半径 R	缓和曲线参数 A	缓和曲线长度 l	切线长度 T	曲线长度 L	外距 g	校正值 j	第一缓和曲线或超高缓和长度加宽缓和长度起点ZH	第一缓和曲线终点或圆曲线起点HY(ZY)	曲线中点QZ
1	2	3	4	5	6	7	8	9	10	11	12	13	14

曲线位置		直线长度及方向			测量断桩			备注
第二缓和曲线成圆曲线终点YH(YZ)	第二缓和曲线或超高缓和长度，加宽缓和长度起点HZ	直线长度(m)	交点间距(m)	计算方位角或计算方向角	桩号	增长(m)	缩短(m)	
15	16	17	18	19	20	21	22	23

“直线、曲线及转角表”为平面设计的主要成果，它反映了路线的平面位置和路线平面线形的各项指标。路线平面设计只有根据这一成果才能进行后面的一系列设计，如路线平面设计图、逐桩坐标表。同时它为路线纵断面设计、横断面设计提供设计依据。

直线、曲线及转角表(二)　　表 3-22

××× ××× ×××　　第 页 共 页

交点号	交点桩号	交点坐标		偏角 Δ	曲线要素数值(m)					曲线控制桩桩号				直线长度及方向		备注
		x	y	ΔL 或 ΔK	K	A		T	L	ZH	HY	TH	HZ	直线长度(m)	方位角	
1	2	3	4	5	6	7	8	9	10	11	12	13	14	15	16	17

二、路线平面设计图

路线平面设计图是公路设计文件的重要组成部分。通过路线平面图，可以反映出公路的平面位置和所经过地区的地形、地物等，还可以反映出路线所经地段的各种结构物如挡土墙、边坡、排水结构、桥涵等的具体位置以及和地形、地物的关系。它是设计人员对路线设计意图的总体体现。路线平面图无论对提供有关部门审批、专家评议、设计初审、设计会审、工程施工以及指导后续工作如施工图设计、施工放样等起着重要的作用。

1. 公路路线平面设计图的比例尺及测图范围

公路平面图是指包括路中线在内的有一定宽度的带状地形图。若为工程可行性研究、初步设计阶段的方案研究与比选，其比例可采用 1∶5000 或 1∶10000，但作为初步设计、施工图设计等设计文件组成部分则应采用更大的比例尺。一般常用 1∶2000，在平原微丘区可采用 1∶5000。在地形特别复杂地段或重要设计路段，如大型交叉、大中桥等，则应采用 1∶500 或 1∶1000的地形图。

带状地形图的测图范围，一般为路中心线两侧 100～200m。对于 1∶5000 的地形图，测图范围应适当放大，一般每侧应不小于 250m。若有比较线，则应包括比较线的范围。

2. 公路路线平面设计图的内容及测绘步骤

1）控制点的展绘

各种比例尺的地形图均应展绘和测出测绘宽度内的各等级三角点、导线点、图根点、水准点等，并按规定的符号表示。

2）导线或路中线的展绘

在展绘导线或中线以前，需按图幅合理布局，绘出坐标方格网，坐标网格尺寸采用 5cm 或

10cm,要求图廓网格的对角线长度和导线点间长度误差均不大于0.5mm。然后按导线点(或交点,下同)坐标 X、Y 精确地点绘在相应位置上。每张导线图展绘完毕后,用三棱尺逐点复核各点间距,再用半圆仪校核每个角度是否与计算相符。复核无误后,再按"逐桩坐标表"所提供的数据,展绘曲线,并注明各曲线主点桩以及百米桩、公里桩、断链桩的位置。对导线点、交点逐个编号,注明路线在本张图中的起点和终点里程等。

路线一律按前进方向从左至右画,在每张图的拼接处画出接图线。在图的右上角标明共×张、第×张。在图纸的空白处注明曲线元素及主点里程。

3)各类构造物的测绘

各类构造物、建筑物及其主要附属设施应按现行工程测量规范的规定测绘和表示。各种线状地物,如管线、高、低压电线等应实测其支架或电杆的位置。对穿越路线的高压线应实测其悬垂线距地面的高度并注明电流、电压(伏·安)数。地下管线应详细测定其位置。道路及其附属物应按实际形状测绘。公路交叉口应注明每条公路的走向。铁路应注明轨面高程,公路应注记路面类型,涵洞应注明洞底高程。

4)水系及其附属物的测绘

应展绘出测绘宽度内的海洋的海岸线位置;水渠顶边及底边高程;堤坝顶部及坡脚的高程;水井井台高程;水塘塘顶边及塘底的高程。河流、水沟等应注明水流流向。

5)地形、地貌的测绘

各种比例尺的地形图,地形、地貌、植被、不良地质地带等均应详细测绘,并用等高线和国家测绘局制定的"地形图图式"符号及数字注明。

公路路线平面图示例如图3-40所示。

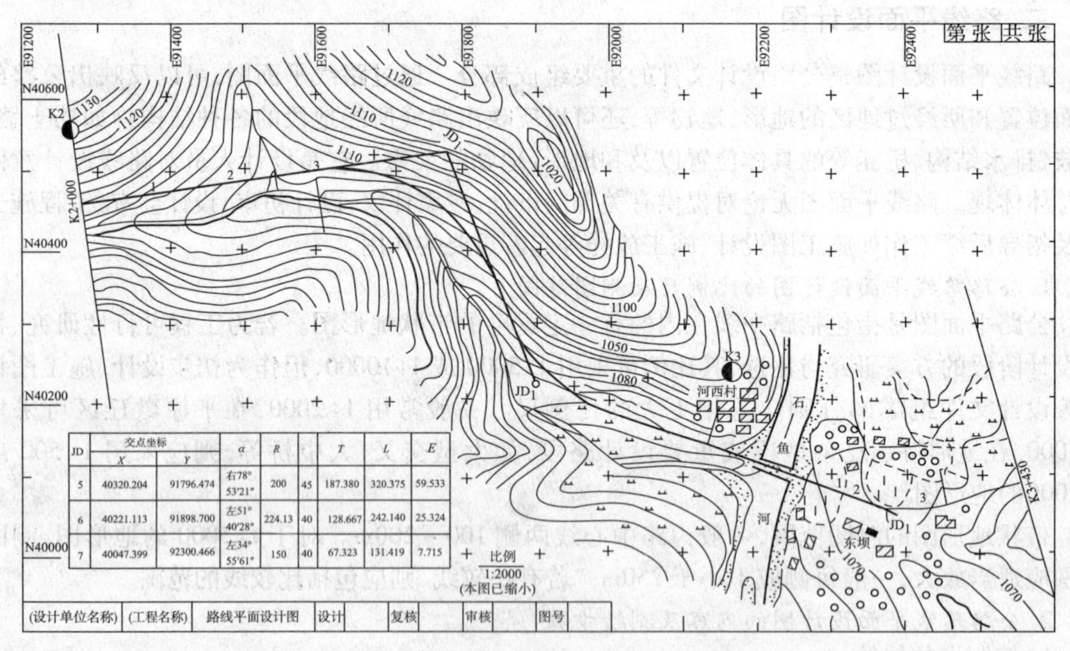

JD	交点坐标 X	交点坐标 Y	α	R		T	L	E
5	40320.204	91796.474	右78°53′21″	200	45	187.380	320.375	59.533
6	40221.113	91898.700	左51°40′28″	224.13	40	128.667	242.140	25.324
7	40047.399	92300.466	左34°55′61″	150	40	67.323	131.419	7.715

图3-40 公路路线平面设计图

一张完整的平面设计图,除了清楚而正确地表达上述设计内容外,还可对某些细部设施或构件画出大样图,最后在图中的空白处作一些简要的工程说明。如工程范围、采用坐标系、引用的水准点位置等。

项目四　纵断面测设

知识目标

1. 掌握路线纵断面的测设方法。
2. 掌握不同等级公路的纵断面测设标准。
3. 掌握纵坡设计方法与要点。
4. 掌握竖曲线的设计方法与要点。

能力目标

1. 能熟练运用测量仪器完成路线纵断面地面线的测绘。
2. 能熟练运用《标准》、《规范》,合理确定纵断面设计指标。
3. 能进行路线纵断面图底图的绘制和进行纵断面设计。
4. 会计算路基设计高程。

任务一　认识纵断面

通过公路中线的竖向剖面称为路线纵断面图。由于地形、地物、地质、水文等自然因素的影响以及满足经济性的要求,公路路线在纵断面上不可能从起点至终点是一条水平线,而是一条有起伏的空间线。纵断面设计的主要任务就是根据汽车的动力性能、公路等级和性质、当地的自然地理条件以及工程经济等,来研究这条空间线形的纵坡大小及其长度。它是公路设计的重要内容之一,而且将直接影响到行车的安全和迅速、工程造价、运营费用和乘客的舒适程度。

图 4-1 为公路路线纵断面示意图,它是公路纵断设计的主要成果。在纵断面图上,通过路中线的原地面上各桩点的高程,称为地面高程,相邻地面高程的起伏折线的连线,称为地面线。设计公路的路基边缘相邻高程的连线,称为设计线,设计线上表示路基边缘各点的高程,称为设计高程。在同一横断面上设计高程与地面高程之差,称为施工高度。当设计线在地面线以上时,路基构成填方路堤;当设计线在地面线以下时,路基构成挖方路堑。施工高度的大小直接反映了路堤的高度和路堑的深度。

纵断面图是由上下两部分组成,上半部分是图,下半部分是有关的数据及文字信息,类似表格,因此可简单记为上图下表,如图 4-1 所示。

纵断面图的上半部分主要绘制了两条线:一条是地面线,是根据道路中线上各中桩实测的地面高程点绘出的一条圆滑的曲线,反映了道路中线处天然地面的起伏情况;另一条是设计线,是经过技术设计,并通过技术、经济、美学等方面的比较后,由设计人员确定下来的,主要反映道路建成后的纵断面纵坡的变化情况。

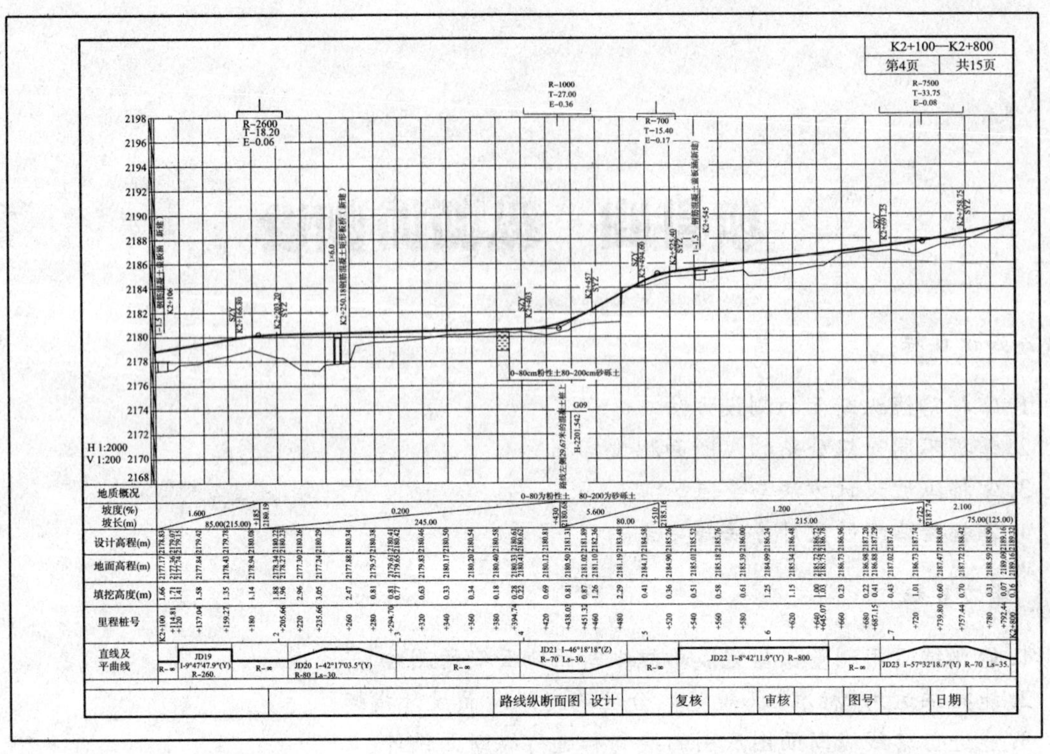

图 4-1　公路路线纵断面示意图

纵断面的设计线是由均匀坡度线（直线坡段）和竖曲线组成的。坡度线以坡度和坡长（水平长度）表示，有上下坡之分，一般上坡为“+”，下坡为“-”。竖曲线则是在坡度变化处设置的过渡曲线，有凹形和凸形两种，其大小是以半径和水平长度来表示。

此外，纵断面图上还应标注以下内容：

①竖曲线及其要素；

②沿线桥涵及人工构造物的位置、结构类型及孔径；

③与公路、铁路交叉的桩号及路名；

④沿线跨河的名称、位置、现有水位及设计洪水位；

⑤水准点的位置、编号及高程；

⑥断链桩的位置、桩号及长短链关系等。

纵断面图的下半部分自下而上分别填写以下内容：

①直线与平曲线；

②里程及桩号；

③地面高程；

④设计高程；

⑤填挖高度值；

⑥坡度/坡长；

⑦土壤地质说明等。

公路纵断面设计线由直线和竖曲线两种线形要素所组成，它是根据汽车的动力性能、地形条件、路基临界高度以及运输与工程经济等方面的要求，通过技术、经济以及视觉效果等多方面的比较后定出来的，反映了公路路线的起伏变化情况。直线有上坡和下坡，是用高差、水平长度及纵坡度表示的。纵坡度 i 表征匀坡路段坡度的大小，用高差 h 与水平长度 l 之比，即 $i = h/l(\%)$。在直线的纵坡转折处为了平顺过渡，须设置一定长度的竖曲线来进行缓和。

任务二　路线纵断面地面线测量

路线纵断面测量（称为中线水准测量），在道路中线测定之后，测定中线上各里程桩（简称中桩）的地面高程，并绘制路线纵断面图，用以表示沿路线中线位置的地形起伏状态，主要用于路线纵坡设计。

纵断面测量一般分为两步：首先是沿路线方向设置水准点，并测定其高程，从而建立路线的高程控制，称为基平测量；然后是根据基平测量建立的水准点的高程，分别在相邻的两个水准点之间进行水准测量，测定路线各里程桩的地面高程，称为中平测量。

一、路线基平测量

1. 路线水准点的设置与精度要求

1）水准点定义

水准点是在勘测和施工阶段以及竣工时作为路线高程测量的控制点。

2）水准点分类

根据需要和用途可布设永久性水准点和临时性水准点。一般规定，在路线的起（终）点、大桥两岸、隧道两端、垭口以及一些需要长期观测高程的重点工程附近均应设置永久性水准点。在一般地区应每隔一定的长度设置一个永久性水准点。为便于引测，还需沿路线方向布设一定数量的临时性水准点。临时性水准点的密度，一般情况下，水准点间距宜为 1 ~ 1.5km；山岭重丘区可根据需要适当加密。

水准点点位应选在稳固、醒目、易于引测以及施工时不易遭受破坏的地方，一般在应距路线中线 50 ~ 300m 的地方。

①水准点一般以 BM_i 表示。

②为了避免混乱和便于寻找，应逐个编号，用红油漆连同符号（BM_i）一起写在水准点旁。

③水准点设置好后，将其距中线上某里程桩的距离、方位（左侧或右侧）以及与周围主要地物的关系等内容记在记录本上，以供外业结束后，编制水准点一览表和绘制路线平面图时之用。

2. 道路基平测量的方法

首先将起始水准点与附近国家水准点进行联测，以获取水准点的绝对高程。

水准点高程的测定，是采用水准测量方法获得的。通常采用一台水准仪在两个相邻的水准点间作往返观测；也可用两台水准仪作同向单程观测。

二、道路中平测量

中平测量是以两个相邻水准点为一侧段，从一个水准点出发，逐个测定中桩的地面高程，闭合到下一个水准点上。道路中平测量精度要求：

公路中平测量应起闭于路线高程控制点上，高程测至桩志处的地面，其测量误差应符合表 4-1中规定。中桩高程应取位至厘米。

中桩高程测量精度 表 4-1

公路等级	闭合差(mm)	两次测量之差(cm)
高速公路和一、二级公路	$\leqslant 30\sqrt{L}$	≤5
三级及三级以下公路	$\leqslant 50\sqrt{L}$	≤10

注：L 为高程测量的路线长度(km)。

1. 中平测量(又称中桩抄平)

一般是以两相邻水准点为一测段，从一个水准点开始，用视线高法，逐个测定中桩处的地面高程，直至附合到下一个水准点上。在每一个测站上，应尽量多的观测中桩，还需在一定距离内设置转点。相邻两转点间所观测的中桩，称为中间点。由于转点起着传递高程的作用，为了削弱高程传递的误差，在测站上应先观测转点，后观测中间点。观测转点时读数至毫米，视线长度一般应不大于100m。在转点上水准尺应立于尺垫、稳固的桩顶或坚石上。观测中间点时读数即中视读数可读至厘米，视线也可适当放长，立尺应在紧靠桩边的地面上。

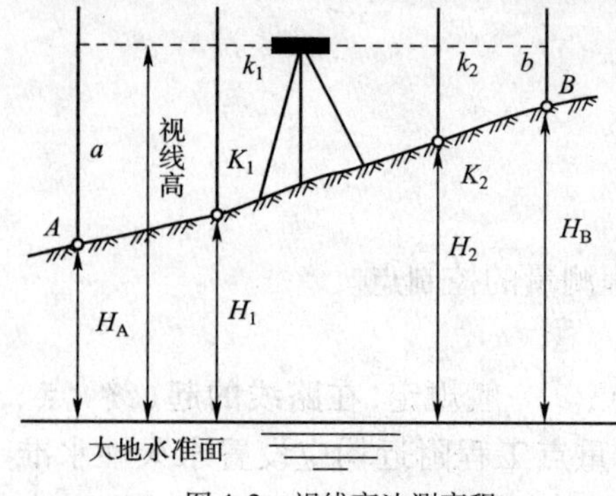

图 4-2 视线高法测高程

如图 4-2 所示以水准点 A 为后视点(高程 H_A 已知)，以 B 点为前视转点，K_i 点为中间点。在施测过程中，将水准仪安置在测站上，首先观测立于 A 点的水准尺读数为 a，然后再观测立于前视转点 B 点的水准尺读数为 b，最后观测立于中间点 K_i 点上的水准尺上的读数为 k，则可用视线高法求得前视转点 B 的高程 H_B 和中桩点的高程 H_K。即：

$$\begin{aligned}\text{测站视线高} &= \text{后视点高程 } H_A + \text{后视读数 } a \\ \text{前视转点 } B \text{ 的高程 } H_B &= \text{视线高} - \text{前视读数 } b \\ \text{中桩高程 } H_K &= \text{视线高} - \text{中视读数 } k\end{aligned} \tag{4-1}$$

中平测量的实施如图 4-3 所示，水准仪安置于Ⅰ站，后视水准点 BM_1，前视转点 ZD_1，将两读数分别记入表 4-2 中相应的后视、前视栏内。然后观测 BM_1 与 ZD_1 间的中间点 K0 +000、+020、+040、+060，并将读数分别记入相应的中视栏，并按式(4-1)分别计算 ZD_1 和各中桩点的高程，第一个测站的观测与计算完成。

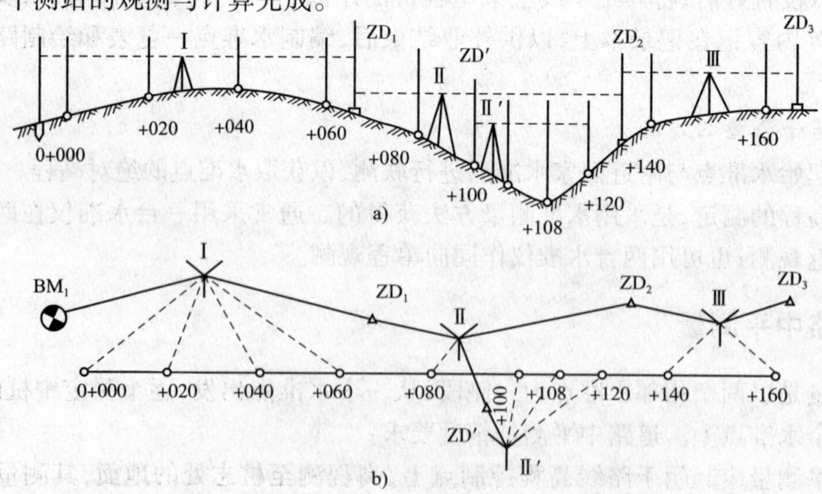

图 4-3 中平测量

然后再将仪器搬至Ⅱ站，后视转点 ZD_1，前视转点 ZD_2，将读数分别记入相应后视、前视栏。然后观测两转点间的各中间点，将读数分别记入相应的中视栏，并计算 ZD_2 和各中桩点的高程，第二个测站的观测与计算完成。

按上述方法继续向前观测，直至附合于水准点 BM_2。前视转点高程及中桩处地面高程应用式(4-1)，按所属测站的视线高进行计算，参考表 4-2。

中平测量只作单程观测。一测段结束后，应先计算中平测量测得的该测段两端水准点高差，并将其与基平所测该测段两端水准点高差进行比较，二者之差，称为测段高差闭合差。

中平测量记录计算表 表 4-2

工程名称:______ 日期:______ 观测员:______

仪器型号:______ 天气:______ 记录员:______

测 点	水准尺读数(m)			视线高(m)	测点高程(m)	备 注
	后视 a	中视 k	前视 b			
BM_1	2.317			106.573	104.256	
K0 +000		2.16			104.41	
+020		1.83			104.74	
+040		1.20			105.37	基平测得
+060		1.43			105.14	
ZD_1	0.744		1.762	105.555	104.811	
+080		1.90			103.66	沟内分开测
ZD_2	2.116		1.405	106.266	104.150	
+140		1.82			104.45	
+160		1.79			104.48	基平测得 BM_2 点高程为:104.795m
ZD_3			1.834		104.432	
…	…	…	…	…	…	
K1 +480		1.26			104.21	
BM_2			0.716		104.754	

复核:$\Delta h_{测} = 104.754 - 104.256 = 0.498\text{m}$

2. 测段高差闭合差应满足的要求

高速公路、一级公路不得大于 $\pm 30\sqrt{L}$(mm)；

二级及二级以下公路不得大于 $\pm 50\sqrt{L}$(mm)。

L 为测段长度，以公里为单位。

若不满足上述要求，则必须重测。

3. 跨越沟谷中平测量

中平测量遇到跨越沟谷时，由于沟坡和沟底钉有中桩，且高差较大，按中平测量一般方法进行，要增加许多测站和转点，以致影响测量的速度和精度。

1）沟内沟外分开测

如图 4-4 所示，当采用一般方法测至沟谷边缘时，仪器置于测站Ⅰ，在此测站，应同时设两个转点：用于沟外测的 ZD_{16} 和用于沟内测的 ZD_A。施测时后视 ZD_{15}，前视 ZD_{16} 和 ZD_A，分别求得 ZD_{16} 和 ZD_A 的高程。此后以 ZD_A 进行沟内中桩点高程的测量，以 ZD_{16} 继续沟外测量。

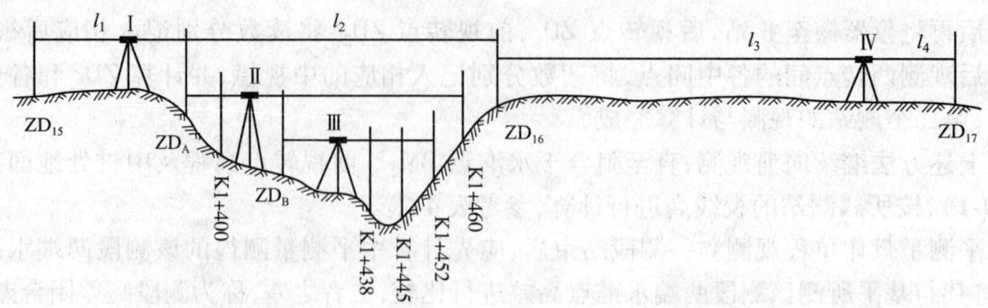

图 4-4　跨越沟谷中平测量

测量沟内中桩时，仪器下沟安置于测站Ⅱ，后视 ZD_A，观测沟谷内两侧的中桩并设置转点 ZD_B。再将仪器迁至测站Ⅲ，后视转点 ZD_B，观测沟底各中桩，至此沟内观测结束。然后仪器置于测站Ⅳ，后视转点 ZD_{16}，继续前测。这种测法使沟内、沟外高程传递各自独立，互不影响。沟内的测量不会影响到整个测段的闭合。但由于沟内的测量为支水准路线，缺少检核条件，故施测时应倍加注意。另外，为了减少Ⅰ站前、后视距不等所引起的误差，仪器置于Ⅳ站时，尽可能使 $l_3 = l_2$、$l_4 = l_1$ 或者 $l_1 + l_3 = l_2 + l_4$。

2）接尺法

中平测量遇到跨越沟谷时，若沟谷较窄、沟边坡度较大，个别中桩处高程不便测量，可采用接尺的方法进行测量，用两根水准尺，一人扶 A 尺，另一人扶 B 尺，从而把水准尺接长使用。必须注意此时的读数应为从望远镜内的读数加上接尺的数值，如图 4-5 所示。

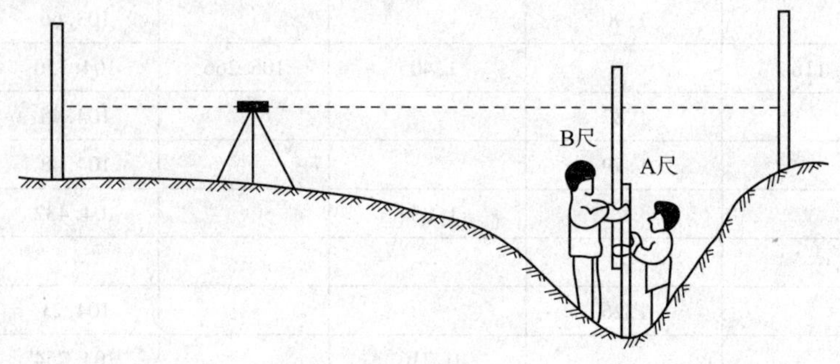

图 4-5　接尺法

利用上述方法测量时，沟内沟外分开测的记录须断开，另做记录，接尺要加以说明，以利于计算和检查，否则容易发生混乱和误会。

4. 用全站仪进行中平测量

传统的中平测量方法是用水准仪测定中桩处地面高程，施测过程中测站多，特别是在地形起伏较大的地区测量，工作量相当繁重。全站仪由于具有三维坐标测量的功能，在中线测量中可以同时测量中桩高程（中平测量）。

全站仪中平测量方法：中线测量一般用任意控制点安置全站仪，利用极坐标或切线支距法放样中桩点。在中线测量的同时，利用全站仪本身具有的高程测量功能和控制点的高程，可直接测得中桩点的地面高程。

如图 4-6 所示，设 A 点为已知控制点，B 点为待测高程的中桩点。将全站仪安置在已知高程的 A 点，棱镜立于待测高程的中桩点 B 点上，量出仪器高 i 和棱镜高 l，全站仪照准棱镜测出视线倾角 α。则 B 点的高程 H_B 为：

$$H_B = H_A + S \cdot \sin\alpha + i - l \tag{4-2}$$

式中：H_A——已知控制点 A 点高程；

H_B——待测高程的中桩点 B 点高程；

i——仪器高；

l——棱镜高度；

S——仪器至棱镜斜距离；

α——视线倾角。

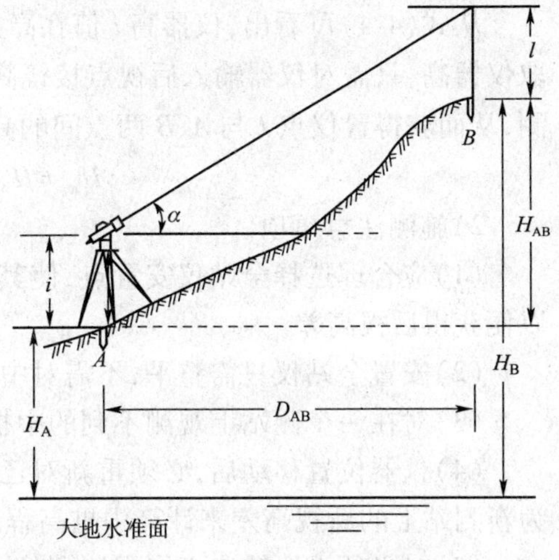

图 4-6　全站仪高程测量原理

在实际测量中，只需将安置仪器的 A 点高程 H_A、仪器高 i、棱镜高 l 直接输入全站仪，在中桩放样完成的同时，就可直接从仪器的显示屏中读取中桩点 B 点高程 H_B。

该方法的优点是在中桩平面位置测设过程中直接完成中桩高程测量，而不受地形起伏及高差大小的限制，并能进行较远距离的高程测量。高程测量数据可从仪器中直接读取，或存入仪器并在需要时调入计算机处理。

5. 任意设站进行中平测量

全站仪中平测量是利用全站仪本身具有的高程测量功能，通过合理设计其测量方案，充分发挥其高程测量不受地形起伏限制及测程较远的优势，达到快速灵活、提高工作效率和减少劳动强度的目的。

1）施测原理

如图 4-7 所示，设 A 点为已知高程点，其高程为 H_A。B 点为待测高程的中桩点。将全站

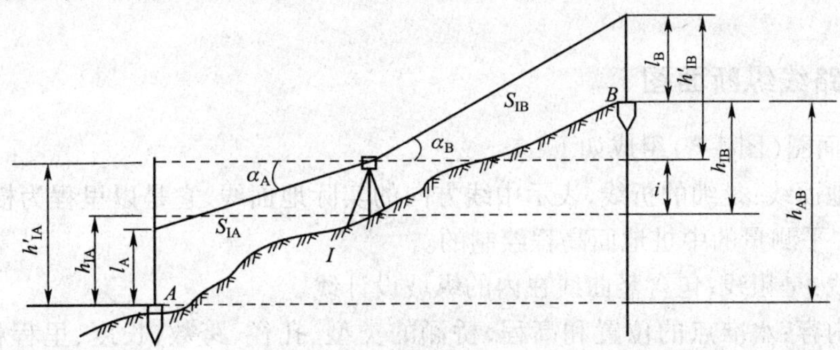

图 4-7　任意设站进行中平测量

仪安置在 A、B 两点之间的 I 处。则可利用全站仪高程测量的功能，分别测得置仪点 I 与 A、B 两点间的高差 h_{IA} 及 h_{IB}，由此可得 A、B 两点间高差 h_{AB}：

$$h_{AB} = h_{IA} + h_{IB} = h_{IB} - h_{IA} \tag{4-3}$$

$$h_{IA} = S_{IA} \cdot \sin\alpha_A + i - l_A$$

$$h_{IB} = S_{IB} \cdot \sin\alpha_B + i - l_B$$

式中：S_{IA}、S_{IB}——仪器至 A、B 点的棱镜斜距离；

α_A、α_B——仪器照准 A、B 两点时的视线倾角；

l_A、l_B——立于 A、B 两点的棱镜高度；

i——仪器高。

由此导出 A、B 两点的高差计算的另一种形式：

$$h_{AB} = (S_{IB} \cdot \sin\alpha_B - S_{IA} \cdot \sin\alpha_A) - (l_B - l_A) \tag{4-4}$$

从式(4-4)可看出,仪器高 i 值在高差计算过程中自动抵消,因此,在现场观测时,不需量取仪器高,只需对仪器输入后视点棱镜高 l_A 和前视点棱镜高 l_B,然后分别对 A、B 两点进行观测,从而获得置仪点 I 与 A、B 两点间的高差 h_{IA} 及 h_{IB} 即可。则待测中桩点 B 点的高程为:

$$H_B = H_A + h_{AB} = H_A + h_{IB} - h_{IA} \tag{4-5}$$

2)施测注意事项

(1)应合理选择全站仪安置点,使其尽可能多观测中桩点,又能与已知高程控制点通视,以便获得后视高差。

(2)安置全站仪只需整平,不需对中,不需量取仪器高。

(3)对在一个测站上观测不到的中桩点,可适当移动仪器位置。

(4)仪器位置移动后,必须重新对已知高程控制点进行观测,以获得新的后视高差,并作为新测站上的后视高差来计算中桩高程。

(5)对必须设置转点方能观测到的中桩点,转点的设置应尽量使仪器至转点和至后视已知高程控制点的距离相等,以消除残余地球曲率、大气折光以及仪器竖盘指标差对高程观测的影响。对转点高程的观测应仔细,转点高程获得后,即可作为新的已知高程点来观测其他中桩点。

纵断面图是表示沿路线中线方向的地面起伏状态和设计纵坡的线状图,它反映出各路段纵坡的大小和中线位置处的填挖尺寸。路线设计纵断面图如图 4-1 所示。

任务三　路线的纵断面图绘制

一、认识路线纵断面图

路线纵断面图(图 4-8)组成如下:

(1)路线地面线:是细的折线,表示中线方向的实际地面线,它是以里程为横坐标、高程为纵坐标,根据中平测量的中桩地面高程绘制的。

(2)设计线:是粗线,包含竖曲线在内的纵坡设计线。

(3)其他内容:水准点的位置和高程,桥涵的类型、孔径、跨数、长度、里程桩号和设计水位,竖曲线示意图及其曲线元素,与公路、铁路交叉点的位置、里程及有关说明。

(4)图下部注有有关测量及纵坡设计的资料主要有:

①直线与曲线:根据中线测量资料绘制的中线示意图。图中路线的直线部分用直线表示;圆曲线部分用折线表示,上凸表示路线右转,下凸表示路线左转,并注明交点编号和圆曲线半径;带有缓和曲线的平曲线还应注明缓和段的长度,在图中用梯形折线表示。

②里程:根据中线测量资料绘制的里程数。图上按里程比例尺只标注百米桩里程(以数字 1 ~9 注写)和公里桩的里程(以 K 注写,如 K9、K10)。

③地面高程:根据中平测量成果填写相应里程桩的地面高程数值。

④设计高程:即设计出的各里程桩处的对应高程。

⑤坡度:从左至右向上倾斜的直线表示上坡(正坡),向下倾斜的表示下坡(负坡),水平的表示平坡。斜线或水平线上面的数字是以百分数表示的坡度的大小,下面的数字表示坡长。

⑥土壤地质说明标明路段的土壤地质情况。

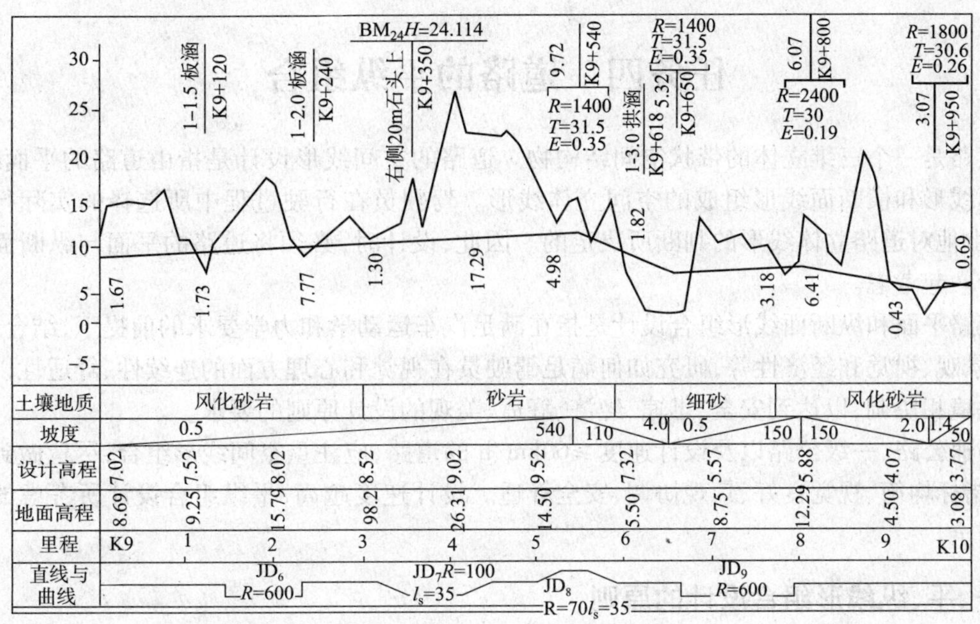

图 4-8　路线纵断面图

二、路线纵断面图的绘制

纵断面图的绘制一般可按下列步骤进行：

（1）按照选定的里程比例尺和高程比例尺

一般对于平原微丘区里程比例尺常用 1∶5000 或 1∶2000，相应的高程比例尺为 1∶500 或 1∶200；山岭重丘区里程比例尺常用 1∶2000 或 1∶1000，相应的高程比例尺为 1∶200 或 1∶100，打格制表，填写里程、地面高程、直线与曲线、土壤地质说明等资料。

（2）绘出地面线

首先选定纵坐标的起始高程，使绘出的地面线位于图上适当位置。一般是以 10m 整数倍数的高程定在 5cm 方格的粗线上。

然后根据中桩的里程和高程，在图上按纵、横比例尺依次点出各中桩的地面位置，再用直线将相邻点一个个连接起来，就得到地面线。

在高差变化较大的地区，如果纵向受到图幅限制时，可在适当地段变更图上高程起算位置，此时地面线将形成台阶形式。

（3）计算设计高程

当路线的纵坡确定后，即可根据设计纵坡和两点间的水平距离，由一点的高程计算另一点的设计高程。设计坡度为 i，起算点的高程为 H_0，待推算点 P 高程为 H_P，待推算点至起算点的水平距离为 D，则：

$$H_P = H_0 + i \cdot D \tag{4-6}$$

式中，上坡时，i 为正；下坡时，i 为负。

（4）计算各桩的填挖尺寸

同一桩号的设计高程与地面高程之差，即为该桩处的填土高度（正号）或挖土深度（负号）。

（5）图上注记有关资料

如水准点、桥涵、竖曲线等。

任务四　道路的平纵组合

道路是一个三维立体的带状空间结构物。道路的空间线形设计是指由道路的平面线形、纵断面线形和横断面线形组成的空间立体线形。驾驶员在行驶过程中所选择的实际行驶速度,是由他对道路立体线形的判断所决定的。因此,设计时,必须将道路的平面与纵断面设计组合于一起考虑。

道路平面和纵断面线形组合设计是指在满足汽车运动学和力学要求的前提下,结合地形、地物、景观、视觉和经济性等,研究如何满足驾驶员在视觉和心理方面的连续性、舒适性以及与周边环境相协调,以达到安全、迅速、经济、舒适、美观的设计原则的要求。

高速公路、一级公路以及设计速度≥60km/h 的道路,应注重空间线形组合,尽量做到线形连续、指标均衡、视觉良好、景观协调、安全舒适。设计速度越高,平纵组合设计所考虑的因素应越周全。

一、平、纵线形组合设计的原则

(1)应在视觉上能自然地引导驾驶员的视线,并保持视觉的连续性,以保证驾驶员能够及时、准确地判断路线的变化情况,不致因错觉而发生事故。

(2)平、纵线形的技术指标大小应均衡,使线形在视觉上、心理上保持协调。一般当平曲线半径大于 1000m 时,竖曲线的半径大约为平曲线半径的 10~20 倍。

(3)选择组合得当的合成坡度,以利于路面排水和行车安全。有条件时,一般最大合成坡度不宜大于 8%,最小合成坡度不小于 0.5%。

(4)应注意线形与自然环境和景观的配合与协调。

二、平、纵组合设计的要点

1. 平面直线与纵面直线坡段的组合

(1)注意平、纵面技术指标应均衡,避免出现平面高指标,纵面低指标,长直线不宜与陡坡组合。

(2)注意路线排水的要求。

(3)应与周围环境相协调,注意适当减小路线的阻隔作用。

2. 平面曲线与纵面直线坡段的组合

(1)长下坡尽头不宜设置小半径平曲线,宜与明弯组合。

(2)应选择合适的合成纵坡度,以利于排水和行车安全。

(3)应避免驾驶员的视距范围内存在两个以上的平曲线。

3. 平面直线与竖曲线的组合

(1)长直线尽头宜与大半径凹形竖曲线相连。与凸形竖曲线组合时,其视觉效果相比于与凹形竖曲线组合较差。如图 4-9 所示,a)图中长直线尽头视线中断,b)图线形视线通畅。

(2)直线上的纵面线形应避免出现驼峰、暗凹、跳跃等使驾驶员视线中断的线形,如图 4-10、图 4-11 所示。

(3)避免出现断背曲线(图 4-12)。

4. 平面曲线与纵面竖曲线的组合

(1)平曲线与竖曲线组合宜"平包竖"。

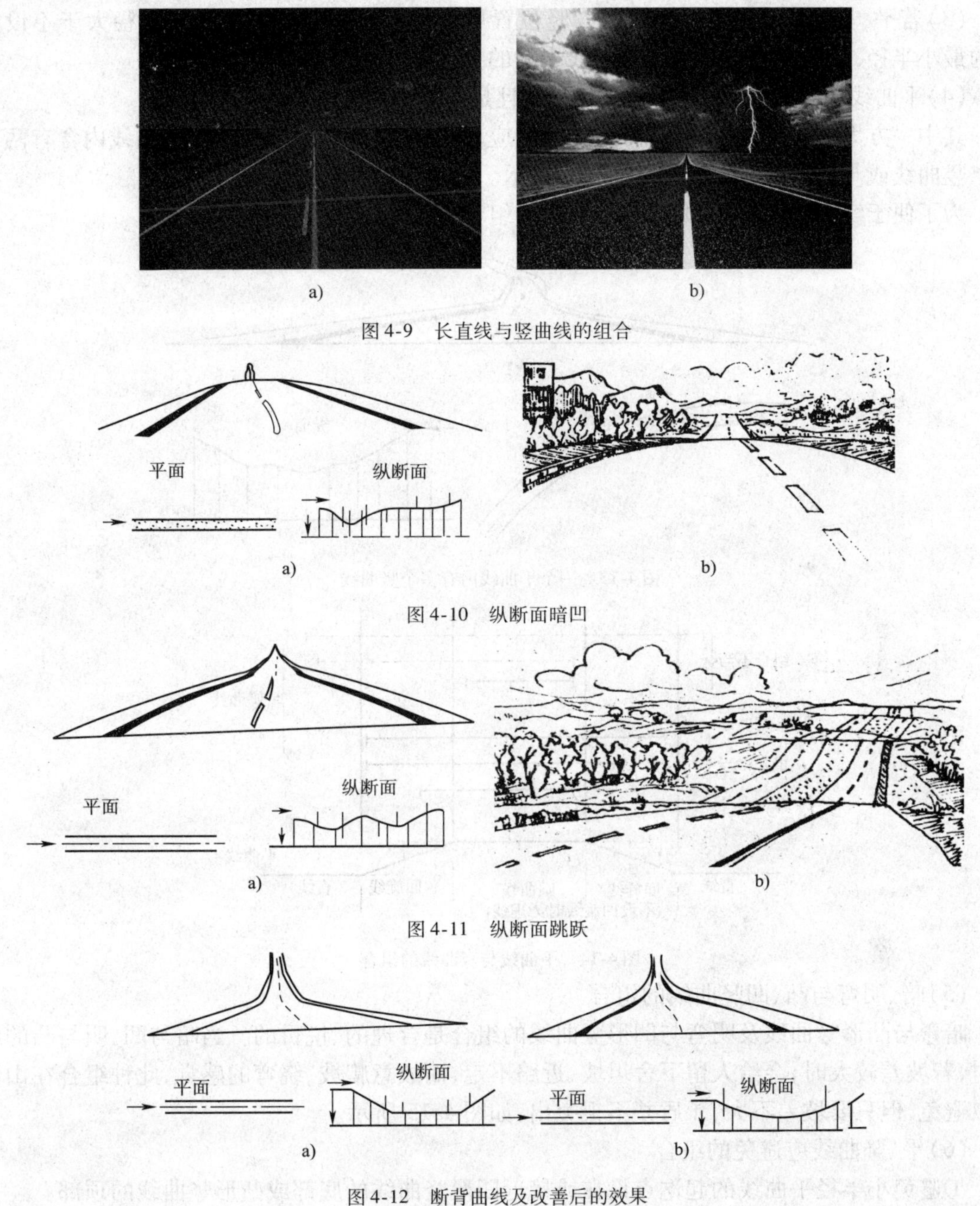

图 4-9　长直线与竖曲线的组合

图 4-10　纵断面暗凹

图 4-11　纵断面跳跃

图 4-12　断背曲线及改善后的效果

a)断背曲线;b)改善后的竖曲线

①平竖曲线顶点接近重合,且最好使竖曲线的起终点分别放在平曲线的两个缓和曲线内,平曲线长稍大于竖曲线。对于等级较高的道路应尽量做到这种组合,并使平、竖曲线半径都大一些才显得协调,特别是凹形竖曲线处。车速较高,二者半径更应该大一些。

②竖曲线的起终点最好分别放在平曲线的两个缓和曲线内,其中任一点都不要放在缓和曲线以外的直线上,也不要放在圆弧段之内。其优点是:当车辆驶入凸形竖曲线的顶点之前,即能清楚地看到平曲线的始端,辨明转弯的走向,不致因判断错误而发生事故。

(2)若做不到平、竖曲线较好的组合(顶点的重合),则宁可把平竖曲线分开相当距离(不小于3s 行程),使平曲线位于直坡段或竖曲线位于直线上。

(3)若平、竖曲线半径都很大,则平、竖位置可不受上述限制。如平曲线半径大于不设超高的最小半径,竖曲线半径相当于平曲线半径的 10 ~ 20 倍。

(4)平曲线与竖曲线大小应保持均衡,并且是一对一的关系。

其中一方大而缓的时候,另一方应与之对应,不要变化太多。避免一个平曲线内含有两个以上竖曲线或与之相反的情况,如图 4-13 所示。

为了便于实际应用,把平曲线与竖曲线的组合形象地表示如图 4-14 所示。

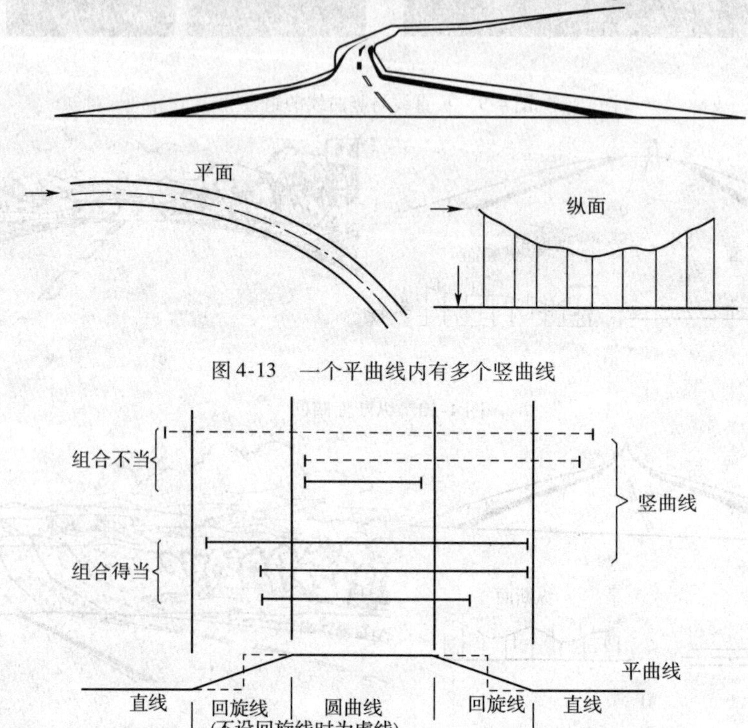

图 4-13　一个平曲线内有多个竖曲线

图 4-14　平曲线与竖曲线的组合

(5)暗、明弯与凸、凹竖曲线的组合

暗弯与凸形竖曲线及明弯与凹形竖曲线的组合是合理的、悦目的。当暗与凹、明与凸的组合时,若坡差较大时,会给人留下舍坦坡、近路不走,而故意爬坡、绕弯的感觉,此种组合在山区难以避免,但只要坡差不大,矛盾并不很突出,如图 4-15 所示。

(6)平、竖曲线应避免的组合

①避免小半径平曲线的起讫点设在或接近凹形竖曲线的底部或凸形竖曲线的顶部。

②避免使凸形竖曲线的顶部或凹形竖曲线的底部与反向平曲线的拐点重合,如图 4-16 所示。

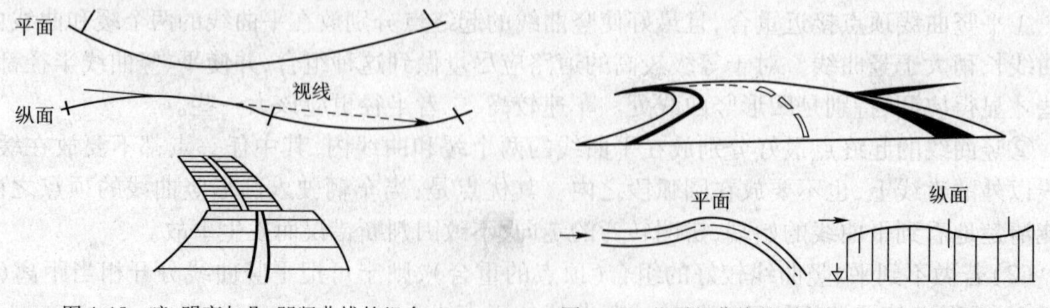

图 4-15　暗、明弯与凸、凹竖曲线的组合

图 4-16　凸形竖曲线的顶点与反向平曲线拐点重合

二者都存在不同程度的扭曲外观;前者会使驾驶员操作失误,引起交通事故;后者虽无视线诱导问题,但路面排水困难,易产生积水。

③避免小半径竖曲线与缓和曲线相重叠。

④设计速度≥40km/h 的道路,应避免在凸形竖曲线顶部或凹形竖曲线底部插入小半径的平曲线,前者失去引导视线的作用,驾驶员须接近坡顶才发现平曲线,导致不必要的减速或交通事故;后者会出现汽车高速行驶时急转弯,导致行车不安全。

⑤避免平曲线与竖曲线错位组合。见表 4-3。

平纵线形组合特征及注意问题 表 4-3

空间线形组合	特　征	注 意 问 题
平面长直线与纵断面长坡段组合	(1)线形单调、枯燥,在行车过程景观无变化,容易使驾驶员产生疲劳; (2) 驾驶易超速行驶,超车频繁; (3) 但在交通比较错综复杂的路段(如交叉口),采用这种线形要素是有利的	(1)为调节单调的视觉,增设视线诱导设施; (2)设计时用画车道线、设置标志; (3) 注意改变景观,分段绿化、注意与路旁建筑设施配合等方法来弥补
平面直线与凹形竖曲线组合	(1)具有较好的视距条件; (2)线形不再生硬、呆板; (3) 给予驾驶员以动的视觉印象,提高了行车的舒适性	(1)注意避免采用较短的凹形竖曲线,以避免产生折点; (2)在两个凹形竖曲线间注意不要插入短直线
平面直线与凸形竖曲线组合	(1)线形视距条件差; (2)线形单调,应尽量避免	注意采用较大的竖曲线半径,以保证有较好的视距
平曲线与纵面直坡段组合	(1)只要平曲线半径选择适当、平面的圆曲线与纵面直坡段组合其视觉效果是良好的; (2)若平面的直线与圆曲线组合不当(如断背曲线)或平曲线半径较小时与纵面直坡段组合将在视觉上产生折曲现象	(1)要注意平曲线半径与纵坡度协调; (2)要注意合成坡度的要求; (3)要避免急弯与陡坡相组合
平曲线与竖曲线组合	(1)平曲线与竖曲线组合的组合线形,如果平纵面几何要素的大小适当、均衡协调、位置适宜,可以获得视觉舒顺、诱导视线良好的空间线形; (2)平曲线与竖曲线较小,则会出现一些不良的组合效果	(1)一般情况下,当平、纵曲线半径较大时,应使平、纵曲线对应重叠组合,并使平曲线较长些将竖曲线包起来; (2)注意平、纵曲线几何要素指标均衡、匀称、协调,不要把过缓与过急、过长与过短的平纵曲线组合在一起; (3)注意凸形竖曲线顶部与凹形竖曲线底部,不得与反向平曲线的拐点重合; (4)避免在一个平曲线上连续出现多个凹、凸竖曲线; (5)应避免出现"暗凹"、"跳跃"等不良现象

【案例 4-1】

请辨别图 4-17 中符合平纵组合要求的是哪幅图,并说明原因?

【案例 4-2】

纵断面图的识别。

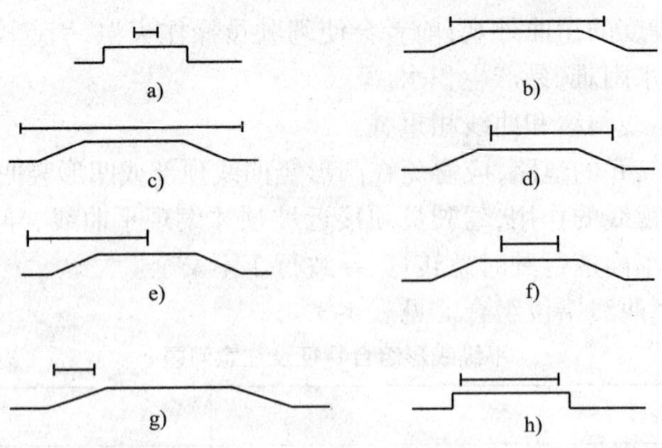

图 4-17　平纵组合判别示意图

(1)仔细观察图 4-18 所示纵断面图,找出图中错误之处。

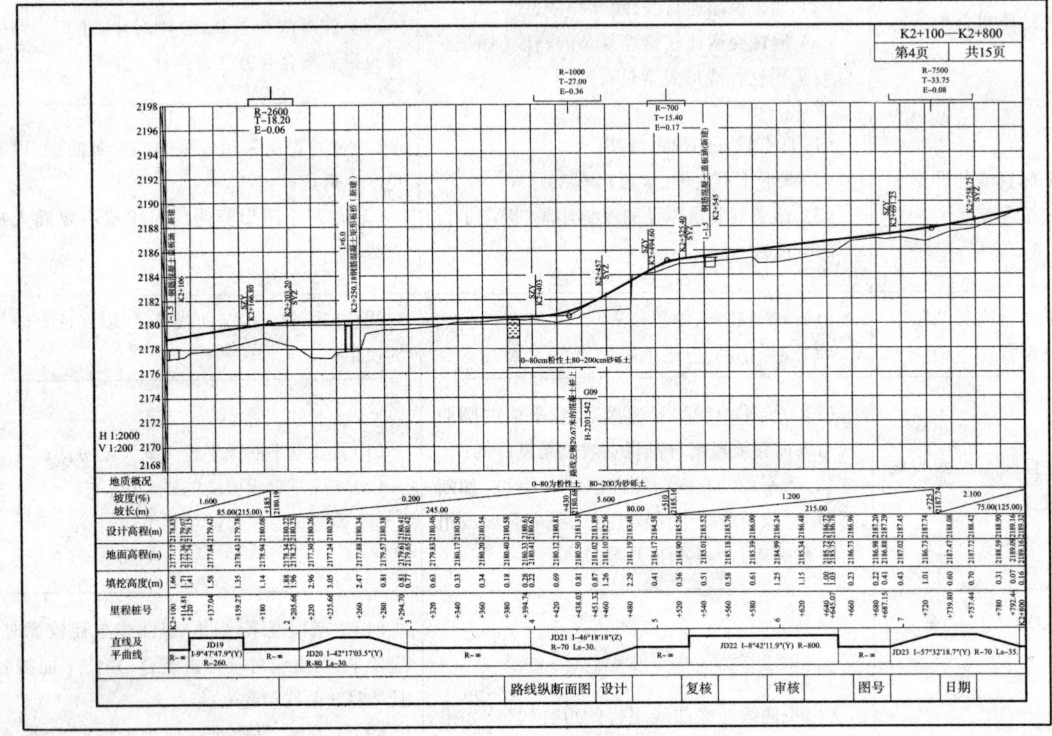

图 4-18　纵断面图

(2)指出图中的地面线和设计线,并说明地面线的绘制方法。

(3)说出从该纵断面图上能获得信息。

任务五　纵坡设计

一、纵坡设计的技术要求

1. 纵坡设计的控制指标

1)最大纵坡

最大纵坡是指在纵坡设计时各级道路允许使用的最大坡度值。它是道路纵断面设计的重要控制指标。在地形起伏较大地区,纵坡的大小将直接影响路线的长短、使用质量、运输成本及造价。因此,纵坡度的取值必须通过全面分析,综合考虑后合理确定。

(1)确定最大纵坡应考虑的因素

①汽车的动力特性

汽车的动力特性是指汽车在规定速度下的爬坡能力。

道路上行驶的车型较多,各种汽车的爬坡性能和车速不尽相同。小客车的爬坡性能和行驶速度受纵坡的影响较小,而载货汽车随纵坡的增大车速显著下降,这对正常行驶的车流会造成交通混乱,使快车受阻,直接影响道路的通行能力和行车安全。所以,在确定最大纵坡时应以国产典型载货汽车作为标准车型。

应当指出,确定最大纵坡不能只考虑满足汽车的爬坡要求,还要满足汽车在纵坡上行驶时快速、安全及经济等要求。

②设计车速

道路等级越高,行车密度越大,要求行车速度越快,这就要纵断面的坡度越平缓;相反,在等级较低的道路上,则可以采用较大的纵坡。

③自然条件等因素

道路所经过地区的地形起伏、海拔高度、气温、雨量等自然因素都会影响汽车的行驶条件、爬坡能力等。

(2)一般规定

我国《规范》中规定最大纵坡,是对汽车在坡道上行驶情况进行了大量调查、试验,并广泛征求了各有关方面特别是驾驶员的意见,同时考虑了汽车带一拖挂车及畜力车通行的状况,结合交通组成、汽车性能、工程费用和营运经济等,经综合分析研究后确定了最大纵坡值。不同设计车速最大纵坡的规定见表4-4。

不同设计车速最大纵坡 表4-4

设计速度(km/h)	120	100	80	60	40	30	20
最大纵坡(%)	3	4	5	6	7	8	9

《规范》还规定:城市道路最大纵坡约相当于公路按设计速度计的最大纵坡减小1%。高速公路受地形条件或其他特殊情况限制时,经技术经济论证合理,最大纵坡可增加1%。位于海拔2000m以上或严寒冰冻地区,四级公路山岭、重丘区的最大纵坡不应大于8%。

桥上及桥头路线的最大纵坡应满足:

①小桥与涵洞处纵坡应按路线规定采用。

②大、中桥上纵坡不宜大于4%,桥头引道纵坡不宜大于5%;紧接大、中桥桥头两端的引道纵坡应与桥上纵坡相同(即引道应有一段纵坡与桥梁保持一致)。

③位于市镇附近非汽车交通较多的地段,桥上及桥头引道纵坡均不得大于3%。

隧道部分路线纵坡:隧道内纵坡不应大于3%,但独立明洞和短于50m的隧道其纵坡不受此限;紧接隧道洞口的路线纵坡应与隧道内纵坡相同。

在非机动车交通比例较大路段,为照顾其交通要求可根据具体情况将纵坡适当放缓。平原、微丘区一般不大于2%~3%;山岭、重丘区一般不大于4%~5%。

(3)高原纵坡折减

在高海拔地区,因空气密度下降而使汽车发动机的功率、汽车的驱动力以及空气阻力降低，导致汽车的爬坡能力下降。另外，汽车水箱中的水易于沸腾而破坏冷却系统。若汽车满载情况下，不同海拔高度 H 对应的海拔荷载修正系数 λ 值见表4-5。

满载时 λ 与 H 的关系 表4-5

海拔高度 H(m)	0	1000	2000	3000	4000	5000
海拔荷载修正系数 λ	1.00	0.89	0.78	0.69	0.61	0.53

可见海拔高度对 λ 值的影响是相当大的，也就是对纵坡的影响很大。为此，在高原地区除了汽车本身要采用一些措施使得汽油充分燃烧，避免随海拔增高而使功率降低过甚外，在道路纵坡设计中应适当采用较小的坡度。

现行《规范》规定位于海拔3000m以上的高原地区，各级公路的最大纵坡值应按表4-6的规定予以折减，折减后若小于4%，则仍采用4%。

高原纵坡折减表 表4-6

海拔高度 H(m)	3000~4000	4000~5000	5000以上
折减值(%)	1	2	3

2）最小纵坡

最小纵坡是指各级公路在特殊情况下容许使用的最小坡度值。为使道路上行车快速、安全和通畅，希望道路纵坡设计的小一些为好。但是，在长路堑以及其他横向排水不通畅地段，为保证排水要求，防止积水渗入路基而影响其稳定性，均应设置不小于0.3%的纵坡，一般情况下以下小于0.5%为宜。

《规范》规定：各级公路的长路堑路段，以及其他横向排水不畅的地段，应采用不小于0.3%的纵坡。当必须设计平坡(0%)或小于0.3%的纵坡时，边沟应作纵向排水设计。在弯道超高横坡渐变段上，为使行车道外侧边缘不出现反坡，设计最小纵坡不宜小于超高允许渐变率。干旱少雨地区最小纵坡可不受上述限制。

3）最短坡长

(1)最短坡长的限制

最短坡长的限制主要是从汽车行驶平顺性的要求考虑的。如果坡长过短，使变坡点增多，汽车行驶在连续起伏地段产生的增重与减重的变化频繁，导致乘客感觉不舒适，车速越高越感突出。从路容美观、相邻两竖曲线的设置和纵面视距等也要求坡长应有一定最短长度。

《标准》规定，各级道路最短坡长应按表4-7选用。在平面交叉口、立体交叉的匝道以及过水路面地段，最短坡长可不受此限。

各级公路最短坡长 表4-7

设计速度(km/h)	120	100	80	60	40	30	20
最短坡长(m)	300	250	200	150	120	100	60

(2)最大坡长的限制

道路纵坡的大小及其坡长对汽车正常行驶影响很大，纵坡越陡，坡长越长，对行车影响也越大。主要表现在：使行车速度显著下降，甚至要换较低排挡克服坡度阻力；易使水箱“开锅”，导致汽车爬坡无力，甚至熄火；下坡行驶制动次数频繁，易使制动器发热而失效，甚至造成车祸。

最大坡长限制是指控制汽车在坡道上行驶，当车速下降到最低容许速度时所行驶的距离。

事实上，影响最大坡长的因素很多，比如海拔高度、装载、油门开启程度、滚动阻力系数及挡位等。各级道路不同纵坡时的最大坡长可按表4-8选用。

各级公路不同纵坡的最大坡长限制（单位：m）　　表4-8

设计速度(km/h)		120	100	80	60	40	30	20
纵坡坡度值(%)	3	900	1000	1100	1200	—	—	—
	4	700	800	900	1000	1100	11000	1200
	5	—	600	700	800	900	900	1000
	6	—	—	500	600	700	700	800
	7	—	—	—	—	500	500	600
	8	—	—	—	—	300	300	400
	9	—	—	—	—	—	200	300
	10	—	—	—	—	—	—	200

高速公路、一级公路当连续陡坡由几个不同坡度值的坡段组合而成时，应对纵坡长度受限制的路段采用平均坡度法进行验算。

二级及二级以下公路当连续纵坡大于5%时，应在不大于表4-8所规定的长度处设置缓和坡段。缓和坡段的纵坡应不大于3%，其长度应符合《标准》规定的最小坡长。

2. 纵坡设计的检验指标

1）平均纵坡

平均纵坡是指一定长度的路段纵向所克服的高差与路线长度之比，是为了合理运用最大纵坡、坡长及缓和坡长的规定，以保证车辆安全顺利地行驶的限制性指标。用公式表示为：

$$i_{平均}=\frac{H}{l} \tag{4-7}$$

式中：$i_{平均}$——平均纵坡(%)；

H——相对高差(m)；

l——路线长度(m)。

公路断面设计，即使完全符合最大纵坡、坡长限制及缓和坡段的规定，还不能保证使用质量。不少路段虽然单一陡坡并不大，甚至也有缓和坡段，但由于平均纵坡较大，上坡使用低速挡较久，易致车辆水箱开锅。下坡则因制动频繁，而导致事故发生。因此，有必要控制平均纵坡。这样既可保证路线长度的平均纵坡不致过陡，也可以免除局部地段所使用过大的平均纵坡。

根据对山区道路行车的实际调查发现，有时虽然道路纵坡设计完全符合最大纵坡、坡长限制及缓和坡长规定，但也不一定能保证行车顺利安全。如对地形困难、高差较大地段，设计者可能会使用极限长度的最大纵坡及缓和坡长，形成"台阶式"纵断面线形，这是一种合法但不合理的做法，在这种坡道上汽车会较长时间频繁地使用低挡行驶，对机件和安全都不利。

《标准》规定：二、三、四级公路越岭路线的平均纵坡应符合以下规定：

①越岭路段的相对高差为200~500m时，平均纵坡以接近5.5%为宜。

②越岭路段的相对高差大于500m时，平均纵坡以接近5%为宜。

③在任一连续3km路段的平均纵坡不宜大于5.5%。

城市道路的平均纵坡按上述规定减少1.0%。对于海拔3000m以上的高原地区，平均纵坡应较规定值减少0.5%~1.0%。

2）合成坡度

合成坡度是指由路线纵坡与弯道超高横坡或路拱横坡组合而成的坡度，其方向即流水线方向，如图4-19所示。

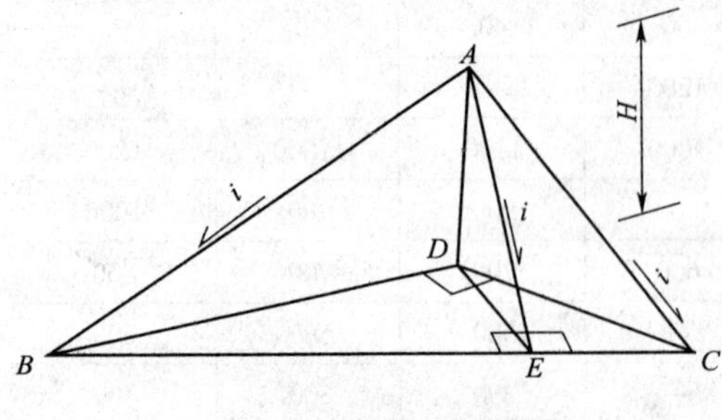

图4-19 合成坡度示意图

合成坡度的计算公式为：

$$I = \sqrt{i_{\mathrm{h}}^2 + i^2} \tag{4-8}$$

式中：I——合成坡度（%）；

i_{h}——超高横坡度或路拱横坡度（%）；

i——路线设计纵坡坡度（%）。

在有平曲线的坡道上，最大坡度既不是纵坡方向，也不是横坡方向，而是两者组合成的流水线方向。将合成坡度控制在一定范围之内，目的是尽可能地避免急弯和陡坡的不利组合，防止因合成坡度过大而引起的横向滑移和行车危险，保证车辆在弯道上安全而顺适地运行。

对于最大容许合成坡度，《标准》对纵坡进行折减，并考虑实际使用经验后规定的。表4-9为各级公路最大容许合成坡度规定值。

各级公路最大容许合成坡度 表4-9

公路等级	高速公路			一级公路			二级公路		三级公路		四级公路
设计速度（km/h）	120	100	80	100	80	60	80	60	40	30	20
合成坡度（%）	10.0	10.0	10.5	10.0	10.5	10.5	9.0	9.5	10.0	10.0	10.0

当陡坡与小半径平曲线重合时，在条件许可的情况下，以采用较小的合成坡度为宜。在冬季路面有积雪结冰的地区、自然横坡较陡峻的傍山路段及非汽车交通比率高的路段，其合成坡度应小于8%。

合成坡度过小也不好，它会导致路面排水不畅，影响行车安全。各级道路最小合成坡度不宜小于0.5%。当合成坡度小于0.5时，应采取综合排水措施，以保证路面排水畅通。

3. 特殊设置

1）缓和坡段

在纵断面设计中，当陡坡的长度达到限制坡长时，应安排一段缓坡，用以恢复在陡坡上降低的速度。同时，从下坡安全考虑，缓坡也是需要的。在缓坡上汽车将以加速行驶，理论上缓坡的长度应适应这个加速过程的需要，但实际设计中很难满足这个要求。

缓和坡段的具体位置应结合纵向地形起伏情况，尽量减少填挖方工程数量，同时应考虑路线的平面线形要素。在一般情况下，缓和坡段宜设置在平面的直线或较大半径的平曲线上，以便充分发挥缓和坡段的作用，提高整条道路的使用质量。在必须设置缓和坡段而地形又困难地段，可以将缓和坡段设于半径比较小的平曲线上，但应适当增加缓和坡段的长度，以使缓和坡段端部的竖曲线位于该小半径平曲线之外。这种要求对提高行驶质量、保证行车安全是完全必要的。

2）爬坡车道

爬坡车道是陡坡路段为了保证道路正线的通行能力，分流爬坡能力差的车辆，在正线行车道外侧增设的供载货汽车行驶的专用车道。

(1)爬坡车道设计的条件

我国《规范》规定：高速公路、一级公路纵坡长度受限制的路段，应对载货汽车上坡行驶速度的降低值和设计通行能力进行验算，符合下列情况之一者，可在上坡方向行车道右侧设置爬坡车道。

①沿上坡方向载货汽车的行驶速度降低到表 4-10 的容许最低速度以下时，可设置爬坡车道。

上坡方向容许最低速度 表 4-10

设计速度(km/h)	120	100	80	60
容许最低速度(km/h)	60	55	50	40

②上坡路段的设计通行能力小于设计小时交通量时，应设置爬坡车道。

对需设置爬坡车道的路段，应与改善正线纵坡不设爬坡车道的方案进行技术经济比较；对隧道、大桥、高架构造物及深挖路段，当因设置爬坡车道使工程费用增加很多时，经论证爬坡车道可以缩短或不设；对双向六车道高速公路可不另设爬坡车道，将外侧车道作为爬坡车道使用。

对于山岭地区的高速公路，由于地形复杂，纵坡设计控制因素较多，在这种路段上，计算行车速度一般在 80km/h 以下，是否设置爬坡车道，必须在上述条件下，从公路建设的目的、服务水平、工程建设投资规模等综合分析比较后确定。

(2)爬坡车道的设计

①横断面组成

爬坡车道设于上坡方向正线行车道右侧，如图 4-20 所示。爬坡车道的宽度为 3.5m 包括设于其左侧路缘带的宽度 0.5m。

爬坡车道的路肩和正线一样仍然由硬路肩和土路肩组成，但由于爬坡车道上行驶速度较低，其硬路肩宽度可以不按正线的安全标准要求设计，一般为 1.0m，而土路肩宽度以按正线要求设计为宜。

窄路肩不能提供停车使用，在长而连续的爬坡车道路段上，其右侧应按规定设置紧急停车带。

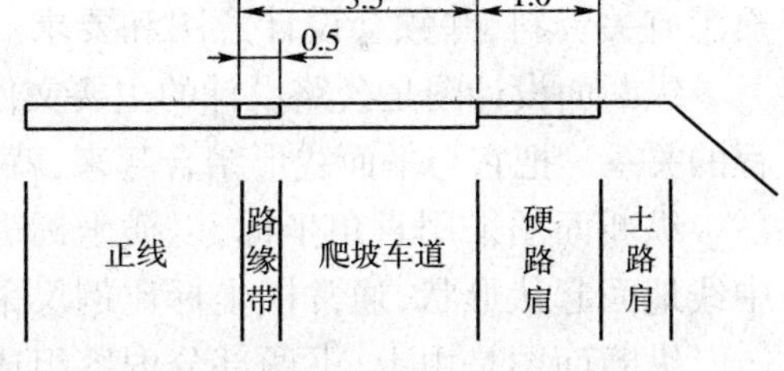

图 4-20 爬坡车道横断面组成

②横坡度

因为爬坡车道的行车速度比正线小，为了行车安全起见，高速公路正线超高坡度与爬坡车道的超高坡度之间的对应关系见表 4-11。

爬坡车道的超高坡度 表 4-11

正线的超高横坡(%)	10	9	8	7	6	5	4	3	2
爬坡车道的超高横坡(%)	5							3	2

③平面布置及长度

爬坡车道的平面布置如图 4-21 所示。其总长度由起点处渐变段长度 L_1、爬坡车道的长度 L 和终点处附加长度 L_2 组成。

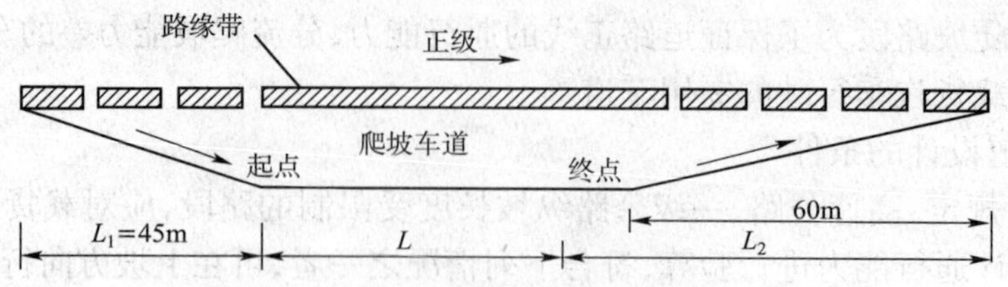

图4-21　爬坡车道的平面组成

起点处渐变段长度 L_1 用来使正线车辆驶离正线而进入爬坡车道,其长度一般取45m。爬坡车道的长度 L,一般应根据所设计的纵断面线形,通过加、减速行程图绘制出载货汽车行驶速度曲线,找出小于容许最低速度的路段,从而得到需设爬坡车道的路段。

爬坡车道终点处附加长度 L_2 用来供车辆驶入正线前加速至容许最低速度,其值与附加段的纵坡度有关,见表4-12,该附加长度包括终点渐变段长度60m在内。

爬坡车道终点处附加长度　　表4-12

附加段的纵坡(%)	下坡	平坡	上坡			
			0.5	1.0	1.5	2.0
附加长度(m)	150	200	250	300	350	400

爬坡车道起、终点的具体位置除按上述方法确定外,还应考虑与线形的关系。通常应设在通视条件良好容易辨认并与正线连接顺适的地点。

二、纵断面设计

1.纵断面设计的内容与步骤

1)准备工作

在厘米绘图纸上,按比例标注里程桩号和高程,点绘地面线,填写有关内容,同时应收集和熟悉有关资料,并领会设计意图和要求。

纵断面设计图是公路设计的主要文件之一,它反映路线所经的中心地面起伏情况与设计高程的关系。把它与平面线形结合起来,就能反映出公路路线在空间的位置,如图4-22所示。

纵断面图采用直角坐标,以横坐标表示里程桩号,纵坐标表示高程。为了明显地反映沿着中线地面起伏形状,通常横坐标比例尺采用1:2000,纵坐标采用1:200。

纵断面图是由上、下两部分内容组成的。上部主要用来绘制地面线和纵坡设计线,另外,也用以标注竖曲线及其要素;坡度及坡长(有时标在下部);沿线桥涵及人工构造物的位置、结构类型、孔数和孔径;与道路、铁路交叉的桩号及路名;沿线跨越的河流名称、桩号、常水位和最高洪水位;水准点位置、编号和高程;断链桩位置、桩号及长短链关系等。

下部主要用来填写有关内容,自下而上分别填写:直线及平曲线;里程桩号;地面高程;设计高程;填、挖高度;土壤地质说明;设计排水沟沟底线及其坡度、距离、高程、流水方向(视需要而标注)。

2)纵坡设计(俗称拉坡)

(1)标注控制点

控制点是指影响纵坡设计的高程控制点。如路线起、终点,越岭垭口,重要桥涵,地质不良地段的最小填土高度,最大挖深,沿溪线的洪水位,隧道进出口,平面交叉和立体交叉点,铁路道口,城镇规划控制高程以及受其他因素限制路线必须通过的高程控制点等。山区道路还有

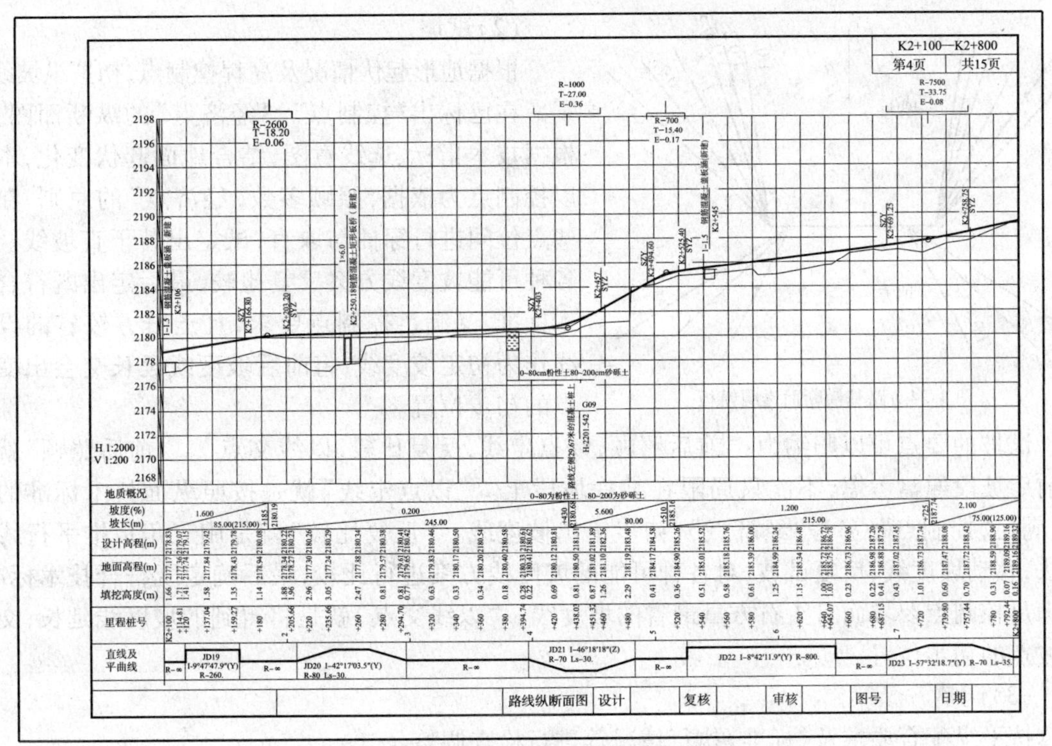

图 4-22　公路纵断面图

根据路基填挖平衡关系控制路中心填挖值的高程点，称为“经济点”。平原区道路一般无经济点问题。

①当地面横坡不大时，可在中桩地面高程上下找到填方和挖方基本平衡的高程，纵坡通过此高程时，在该横断面上挖方数量基本等于填方数量。该高程为其经济点，如图 4-23a）所示。

②当地面横坡较陡时，填方往往不宜填稳，有时坡脚伸得较远，采用多挖少填甚至全部挖出路基的方法比砌石护坡经济，这时多挖少填或全挖路基的高程为经济点，如图 4-23b）所示。

③当地面横坡很陡，无法填方时，需砌筑挡土墙，此时宁愿全部挖出路基或深挖，该全部挖出或深挖路基的高程为其经济点，如图 4-23c）所示。

④当地面横坡很陡，必须设置挡土墙时，当采用某一设计高程使该断面按 1m 长度计施工的土石方与挡土墙费用总和最省，该高程为其经济点。设计时“经济点”通常用“路基横断面透明模板”来确定，如图 4-24 所示。该“模板”可用透明描图纸或透明胶片制成，其上按横断面测图比例绘出路基宽度（挖方段应包括边沟）和各种不同边坡坡度线（上为挖方，下为填方）。使用时将“模板”扣在断面图上使中线重合，上下移动，使填、挖面积大致相等，此时“模板”上路基顶面到中桩地面线的高差为经济填挖值，将此值按比例点绘到纵断面图的相应中桩位置上，即为该断面的“经济点”。

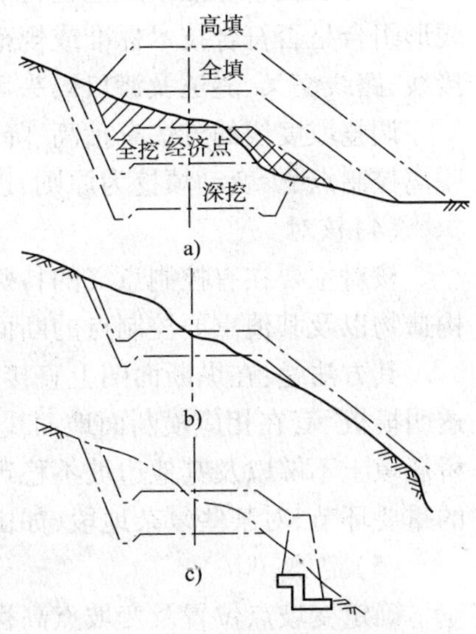

图 4-23　填挖平衡点的确定

a）半填半挖；b）多挖少填；c）全挖路基

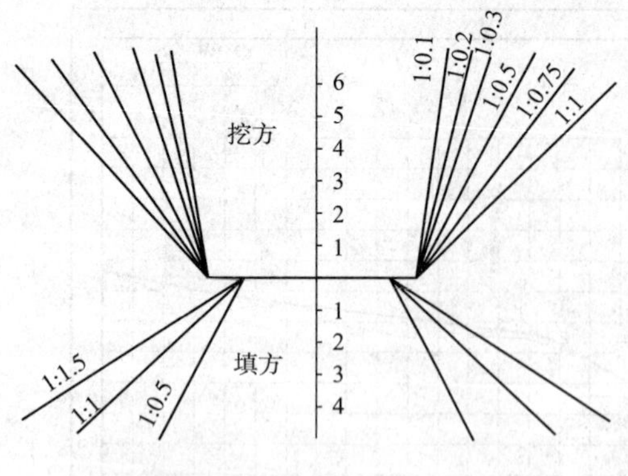

图 4-24　路基横断面透明模板

(2)试坡

根据地形起伏情况及高程控制点,初拟纵坡线。

在已标出"控制点"、"经济点"的纵断面图上,根据技术指标、选线意图,结合地面起伏变化,本着以控制点为依据,照顾多数"经济点"的原则,在这些点位间进行穿插与取直,试定出若干直坡线。对各种可能坡度线方案反复比较,最后定出既符合技术标准,又满足控制点要求,且土石方较省的设计线作为初定坡度线,将前后坡度线延长交会出变坡点的初步位置。

试坡的要点可以归纳为:"前后照顾,以点定线,反复比较,以线交点"。"前后照顾"就是要前后坡段通盘考虑,不能只局限在某一坡段上。"以点定线"就是按照纵面技术标准的要求,满足"控制点",参考"经济点",初步定出坡度线。"反复比较"就是用三角板推平行线的办法,移动坡度线,反复试坡,对各种可能的坡度线方案进行比较,最后确定既符合技术标准,又满足控制点要求而且土石方量最省的坡度线。"以线交点"就是将得到的坡度线延长,交出变坡点的初步位置。

(3)调整

按平纵配合要求及《标准》执行情况等进行检查调整。

①结合选线意图进行调坡。将试坡线与选线时所考虑的坡度进行比较,两者应基本相符。若有脱离实际情况或考虑不周现象,则应全面分析,找出原因,权衡利弊,决定取舍。

②对照技术标准或规范进行调坡。详细检查设计最大纵坡、坡长限制、纵坡折减以及平纵线形组合是否符合技术标准或规范的要求。特别要注意陡坡与平曲线、竖曲线与平曲线、桥头接线、路线交叉、隧道及渡口码头等地方的坡度是否合理,发现问题及时调整修正。

调整坡度线的方法有抬高、降低、延长、缩短纵坡线和加大、减小纵坡度等。调整时应以少脱离控制点、少变动填挖为原则,以便调整后的纵坡与试定纵坡基本相符。

(4)核对

核对主要在有控制意义的特殊横断面上进行,如选择高填深挖、挡土墙、重要桥涵及人工构造物以及其他重要控制点的断面等。

其方法是:在纵断面图上直接由厘米格读出相应桩号的填挖高度,将此值用"路基横断面透明模板"套在相应横断面地面线上("戴帽子"),检查是否有填挖过大、坡脚落空、挡墙过高、桥涵填土不够以及其他边坡不稳现象,若有则应及时调整坡度线。核对是保证纵面设计质量的重要环节,对某些复杂地段,如山区横坡陡峻的傍山线这一工作尤显重要。

(5)定坡

确定变坡点位置及变坡点高程或纵坡度。

经调整核对无误后,逐段把直坡线的坡度值、变坡点桩号和高程确定下来,变坡点桩号的精度要求一般要调整到10m的整桩号上。坡度值:精确到小数点两位(百分位),即0.00%。变坡点高程:精确到小数点3位(千分位),即0.000。中桩高程:精确到小数点两位(百分位),即0.00。

坡度值可用三角板推平行线法近似确定,但最终结果必须通过高差与水平距离之比准确计算出来,并按精度要求取舍尾数。相邻变坡点桩号之差即为坡长,变坡点高程是由纵坡度和坡长依次推算而得。

3）设置竖曲线

拉坡时已考虑了平、纵组合问题，此步根据技术标准、平纵组合均衡等确定竖曲线半径，计算竖曲线要素。

4）计算路基设计高程

从起点由纵坡度连续推算变坡点设计高程，逐桩计算设计高程，编制"路基设计表"。

2. 纵坡设计要点

纵断面设计的主要内容是根据道路等级、沿线自然条件和构造物控制高程等，确定路线合适的高程、各坡段的纵坡度和坡长，并设计竖曲线。基本要求是纵坡均匀平顺，起伏和缓，坡长和竖曲线长短适当，平面与纵面组合设计协调，以及填挖经济、平衡。这些要求虽在选线、定线阶段有所考虑，但要在纵面设计中具体加以实现。

1）关于纵坡极限值的运用

根据汽车动力特性和考虑经济等因素制定的极限值，设计时不可轻易采用应留有余地。在受限制较严，如越岭线为争取高度、缩短路线长度或避开艰巨工程等，才有条件地采用，好的设计应尽量考虑人的视觉、心理上的要求，使驾驶员有足够的安全感、舒适感和视觉上的美感。一般讲，纵坡缓些为好，但为了路面和边沟排水，最小纵坡不应低于0.3%～0.5%。最大纵坡度采用纵坡极限值的90%左右就比较合适。

2）关于最短坡长

坡长是指纵断面两变坡点之间的水平距离。坡长下宜过短，以不小于设计速度9s的行程为宜。对连续起伏的路段，坡度应尽量小，坡长和竖曲线应争取到极限值的1倍或2倍以上，避免锯齿形的纵断面，以使增重与减重变化不致太频繁，从路容美观方面也应以此设计为宜。

3）各种地形条件下的纵坡设计

（1）平原、微丘区：保证最小填土高度。

平原、微丘地形的纵坡应均匀平缓，注意保证最小填土高度和最小纵坡的要求。丘陵地形应避免过分迁就地形而起伏过大，注意纵坡应顺适下产生突变。

（2）山岭、重丘区：按纵向填挖平衡设计

沿河线：应尽量采用平缓纵坡，坡长不应超过限制长度，纵坡不宜大于6%，注意路基控制高程的要求。

越岭线：纵坡应力求均匀，尽量不采用极限或接近极限的坡度，更不宜在连续采用极限长度的陡坡之间夹短的缓和坡段。越岭路线一般不应设置反坡。

山脊线和山腰线：除结合地形不得已时采用较大纵坡外，在可能条件下纵坡应缓些。

4）关于竖曲线半径的选用

一般情况下竖曲线应选用较大半径为宜。坡差小时应尽量采用大的竖曲线半径。条件受限制时，可采用一般最小值。特殊困难情况下方可用极限最小值。

5）关于相邻竖曲线的衔接

同向曲线：相邻两个同向凹形或凸形竖曲线，特别是同向凹形竖曲线之间，如直坡段不长应合并为单曲线或复曲线，避免出现断背曲线，这样要求对行车是有利的，如图4-25a）所示。

反向曲线：相邻反向竖曲线之间，为使增重与减重间和缓过渡，中间最好插入一段直坡段。若两竖曲线半径接近极限值时，直线坡段的长度不应小于设计速度的3s行程。以使汽车从失重（或增重）过渡到增重（失重）有一个缓和段。若两竖曲线当半径比较大时，亦可直接连接，如图4-25b）所示。

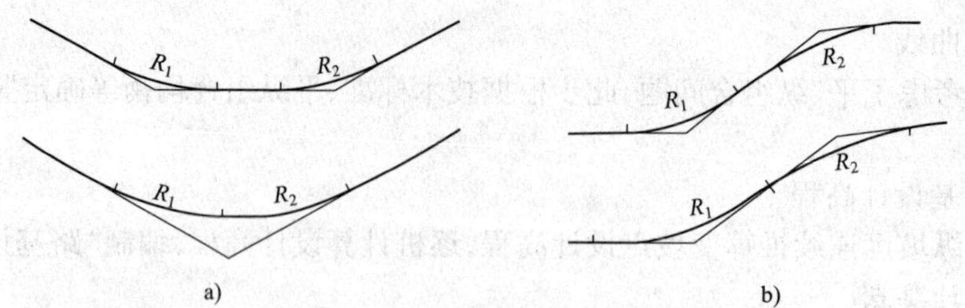

图 4-25 竖曲线的衔接

a)同向竖曲线的衔接;b)反向竖曲线的衔接

竖曲线设置应满足排水需要。若邻纵坡之代数差很小时,采用大半径竖曲线可能导致竖曲线上的纵坡小于0.3%,不利于排水,应重新进行设计。

3. 注意事项

(1)设置回头曲线地段,拉坡时应按回头曲线技术标准先定出该地段的纵坡,然后从两端接坡,应注意在回头曲线地段下宜设竖曲线。

(2)大、中桥上不宜设置竖曲线(特别是凹竖曲线),桥头两端竖曲线的起、终点应设在桥头10m以外。但特殊大桥为保证纵向排水,可在桥上设置凸竖曲线,如图4-26所示。

(3)小桥涵允许设在斜坡地段或竖曲线上,力保证行车平顺,应尽量避免在小桥涵处出现"驼峰式"纵坡,如图4-27所示。

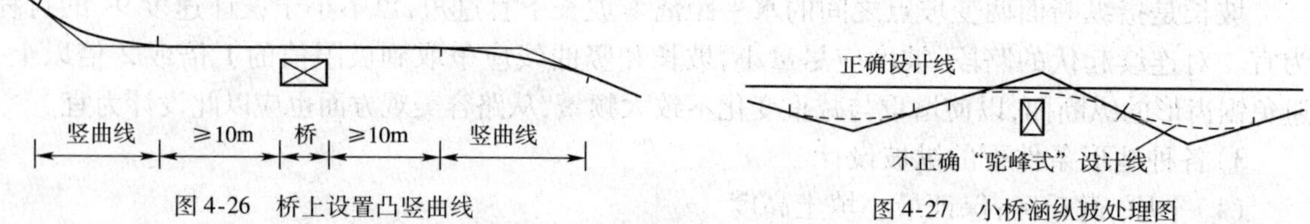

图 4-26 桥上设置凸竖曲线

图 4-27 小桥涵纵坡处理图

(4)注意平面交叉口纵坡及两端接线要求。道路与道路交叉时,一般宜设在水平坡段,其长度应不小于最短坡长规定。两端接线纵坡应不大于3%,山区工程艰巨地段不大于5%。

(5)拉坡时如受"控制点"或"经济点"制约,导致纵坡起伏过大,或土石方工程量太大,经调整仍难以解决时,可用纸上移线的方法修改原定纵坡线。具体方法是按理想要求定出新的纵坡设计线,然后找出对应新设计线的填、挖高度,用"模板"在横断面上以新填、挖高度左右移动,定出适宜的中线位置,该点距原路中线的横距就是按新纵坡设计要求希望平面线形调整移动的距离,据此可作出纸上平面移线,若为实地定线时还应到现场改线。这种移线修正纵面线形的方法,在山区和丘陵区道路的纵坡设计中是常遇到的。

【案例4-3】

山岭重丘区某三级公路,设计车速为40km/h,某坡段为6% 坡长采用300m;紧接设坡度为5%的坡,坡长采用200m,问在其后面是否还能接7%的陡坡?坡长最长为多少?

根据规定,查标准得知:设计车速为40km/h的山岭重丘区三级公路最大纵坡为7%,因此可以设置。

查标准可知6%的最大允许坡长为700m,5%的最大允许坡长为900m,7%的最大允许坡长为500m,则:$1-\frac{3}{7}-\frac{2}{9}=\frac{22}{63}$,$\frac{22}{63}\times 500=174.6$m。

因为在使用坡长限制的纵坡度时,坡长只能小于或等于100%的坡长限制,一般情况下,应留有一定的余地。所以取坡长为150m。

任务六　竖曲线设计

一、竖曲线的基本知识

1. 竖曲线的形式

纵断面上两相邻不同坡度线的交点称为变坡点。为保证行车安全、舒适以及视距的需要，而在变坡处设置的纵向曲线，即为竖曲线。相邻两坡度线的交角用坡度差 ω 表示，坡度角一般较小，可近似地用两坡段坡度的代数差表示，即 $\omega = i_2 - i_1$，式中 i_1、i_2 分别为两相邻坡段的坡度值，上坡为正，下坡为负。如图 4-28 所示。ω 为正在曲线下方，竖曲线开口向上，称为凹形竖曲线；ω 为负，变坡点在曲线上方，竖曲线开口向下，称为凸形竖曲线。

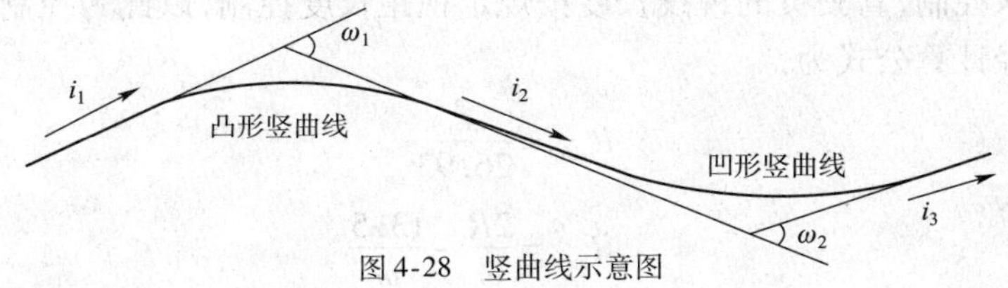

图 4-28　竖曲线示意图

2. 竖曲线的作用

(1) 缓和纵向变坡处行车动量变化而产生的冲击作用。

(2) 确保道路纵向行车视距。

(3) 将竖曲线与平曲线恰当组合，有利于路面排水和改善行车的视线诱导和舒适感。

3. 竖曲线设计标准

竖曲线的最小半径主要是满足以下 3 个要求：垂直方向的缓和冲击，在曲线上汽车行驶时间不过短，汽车在竖曲线上满足视距的要求。

1) 凹形竖曲线极限最小半径

主要从限制离心力、夜间行车前灯照射的影响以及在跨线桥下的视距 3 个方面分析确定。

(1) 从限制离心力不致过大考虑

汽车行驶的竖曲线上，由于离心力的作用，要产生失重（凸形竖曲线）或增重（凹形竖曲线）。失重、增重都直接影响乘客的舒适感，并且增重还会对汽车的悬挂系统产生超载的影响。竖曲线半径的大小直接影响离心力的大小，因此，必须首先从控制离心力不致过大来限制竖曲线的极限最小半径。

汽车在竖曲线上产生的离心力为：

$$F = \frac{GV^2}{127R} \tag{4-9}$$

式中：F——汽车转弯时受到的离心力（N）；

G——汽车总重量（N）。

根据资料限制单位车重离心力 $F/G = 0.028$，代入上式得：

$$R_{\min} = \frac{V^2}{3.6} \tag{4-10}$$

(2) 从夜间行车前灯照射距离考虑

若照射距离小于要求的视距长度，则无法保证行车安全。按此控制条件推导出凹形竖曲线的最小半径计算公式为：

$$R=\frac{s^2}{2(h+s\cdot\tan\delta)} \tag{4-11}$$

式中：s——前灯照射距离（m），按规定的视距长度取值；

h——前灯高度（m），取 $h=0.75\text{m}$；

δ——前灯向上的照射角，取 $\delta=1°$。

将 s、h、δ 代入上式得：

$$R=\frac{s^2}{1.5+0.0349s} \tag{4-12}$$

（3）从保证跨线桥下的视距考虑

当凹形竖曲线处于跨线桥下时，驾驶员的视线要受到桥跨上部构造的阻挡。桥下净高按桥下最小净高要求控制，驾驶员的视线长度按规定视距长度控制，以此为控制条件推导出凹形竖曲线的最小半径计算公式为：

当 $s<L$ 时
$$R_{\min}=\frac{s^2}{26.93} \tag{4-13}$$

当 $s>L$ 时
$$R_{\min}=\frac{2R}{\omega}-\frac{13.5}{\omega} \tag{4-14}$$

综合分析以上 3 种情况后，技术标准以限制凹形竖曲线离心力条件为凹形竖曲线极限最小半径制定的依据。

2）凸形竖曲线极限最小半径

主要从限制失重不致过大和保证纵面行车视距两个方面计算分析确定。

（1）与凹形竖曲线的限制条件和计算公式相同

$$R_{\min}=\frac{V^2}{3.6} \tag{4-15}$$

式中各符号意义同前。

（2）从保证纵面行车视距考虑

凸型竖曲线半径过小，路面上凸直接影响行车视距，按规定的视距控制即可推导出计算极限最小半径公式。分以下两种情况考虑：

①当视距 $s\leqslant L$（竖曲线长度）时

如图 4-29 所示，由求竖曲线上任一点距切线的纵距的计算公式可得：

由几何控制条件：$s=l_w+l_m$ 得 $h_m=\frac{l_m^2}{2R}$，$h_w=\frac{l_w^2}{2R}$，即

$$s=\sqrt{2R}(\sqrt{h_w}+\sqrt{h_m}) \tag{4-16}$$

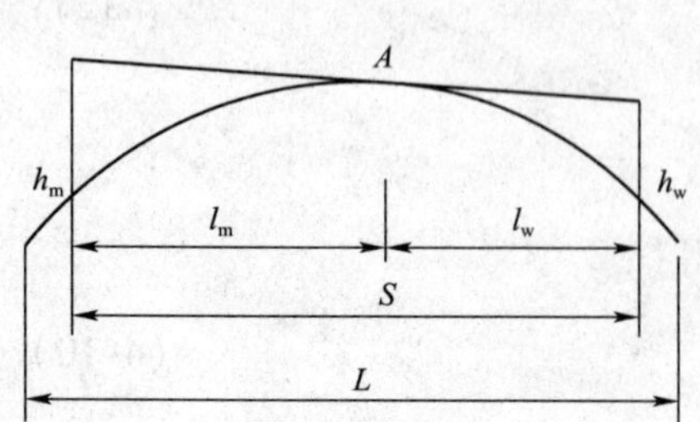

图 4-29 凸形竖曲线视距（$s\leqslant L$）

式中：h_w——物高（m），规范规定，$h_w=0.10\text{m}$；

h_m——目高（m），规范规定，$h_m=1.2\text{m}$；

l_w——竖曲线顶点 A 距物点的距离（m）；

l_m——竖曲线顶点 A 距目点的距离（m）；

s——要求的行车视距，按停车视距考虑。

将 h_w、h_m 的值代入上式整理后可得：

$$R_{\min}=\frac{s^2}{3.98} \tag{4-17}$$

②当视距 $s>L$ 时

经推导可得：

$$R_{\min}=\frac{2s}{\omega}-\frac{3.98}{\omega^2} \tag{4-18}$$

综合分析以上两种情况后，技术标准以视距条件限制凸形竖曲线极限最小半径制定的依据。

3）竖曲线一般最小半径

竖曲线极限最小半径是缓和行车冲击和保证行车视距所必需的竖曲线半径的最小值，该值只有在地形受限制迫不得已时才采用。通常为了使行车有较好的舒适条件，设计时多采用大于极限最小半径1.5～2.0倍的半径值，此值即为竖曲线一般最小半径值。倍数随设计车速减小而取用较大值。

4）竖曲线最小长度

与平曲线相似，当坡度角较小时，即使采用较大的竖曲线半径，竖曲线长度也很短，这样容易使驾驶员产生急促的变坡感觉；同时，竖曲线长度过短，易对行车造成冲击。因此规范规定按照汽车在竖曲线上3s行程时间控制竖曲线最小长度。

$$L_{\min}=\frac{V}{1.2} \tag{4-19}$$

各级公路竖曲线半径及其最小长度规定见表4-13。

各级公路竖曲线的半径及其最小长度 表4-13

设计速度(km/h)		120	100	80	60	40	30	20
凸形竖曲线最小半径(m)	一般值	17000	10000	4500	2000	700	400	200
	最小值	11000	6500	3000	1400	450	250	100
凹形竖曲线最小半径(m)	一般值	6000	4500	3000	1500	700	400	200
	最小值	4000	3000	2000	1000	450	250	100
竖曲线长度(m)	一般值	250	210	170	120	90	60	50
	最小值	100	85	70	50	35	25	20

4.竖曲线设计的一般要求

竖曲线是否平顺，在视觉上是否良好，往往是构成纵面线形优劣的主要因素。竖曲线设计应满足以下要求：

(1)宜选用较大的竖曲线半径。在不过分增加工程量的情况下，宜选用较大的竖曲线半径。通常采用大于竖曲线一般最小半径的半径值，特别是当坡度差较小时，更应采用大半径，以利于视觉和路容美观。只有当地形限制或其他特殊困难不得已时才允许采用极限最小半径。

(2)同向竖曲线应避免“断背曲线”。同向竖曲线特别是同向凹形竖曲线间，如直坡段不长，应合并为单曲线或复曲线。

(3)反向曲线间一般由直坡段连接，也可径相连接。反向竖曲线间最好设置一段直坡段，直坡段的长度应能保证汽车以设计车速行驶3s的行程时间，以使汽车从失重(或增重)过渡到增重(或失重)有一个缓和段。如受条件限制也可互相连接或插入短的直坡段。

(4)竖曲线设置应满足排水需要。若相邻纵坡之代数差很小时，采用大半径竖曲线可能导致竖曲线上的纵坡小于0.3%，不利于排水，应重新进行设计。

二、竖曲线设计方法与步骤

1. 选择竖曲线半径

选择竖曲线半径主要应考虑以下因素：

(1)选择半径应符合表 4-13 所规定的竖曲线的最小半径和最小长度的要求。

(2)在不过分增加土石方工程量的情况下，为使行车舒适，宜采用较大的竖曲线半径。

(3)结合纵断面起伏情况和高程控制要求，确定合适的外距值，按外距控制选择半径：

$$R = \frac{8E}{\omega^2} \tag{4-20}$$

(4)考虑相邻竖曲线的连接(即保证最小直坡段长度或不发生重叠)限制曲线长度，按切线长度选择半径：

$$R = \frac{2T}{\omega} \tag{4-21}$$

(5)过大的竖曲线半径将使竖曲线过长，从施工和排水来看都是不利的，选择半径时应注意。

(6)对夜间行车交通量较大的路段考虑灯光照射方向的改变，使前灯照射范围受到限制，选择半径时应适当加大，以使其有较长的照射距离。

有条件时，宜采用表 4-14 规定的满足视觉要求的最小半径。

满足视觉要求所需的竖曲线最小半径 表 4-14

设计速度(km/h)	凸形竖曲线半径(m)	凹形竖曲线半径(m)
120	20000	12000
100	16000	10000
80	12000	8000
60	9000	6000
40	3000	2000

2. 计算竖曲线要素

各级公路在变坡点处均应设置竖曲线，我国竖曲线的线形采用二次抛物线。由于在其应用范围内，圆曲线与抛物线几乎没有差别，因此，竖曲线通常表示成圆曲线的形式，用圆曲线半径 R 来表示竖曲线的曲率半径。

竖曲线的几何要素主要有竖曲线长 L、竖曲线切线长 T 和外距 E，如图 4-30 所示。

竖曲线长：
$$L = R\omega \tag{4-22}$$

竖曲线切线长：
$$T = T_A = T_B \approx \frac{L}{2} = \frac{R\omega}{2} \tag{4-23}$$

竖曲线的外距：
$$E = \frac{T^2}{2R} \tag{4-24}$$

竖曲线上任意点竖距：
$$h = \frac{l^2}{2R} \tag{4-25}$$

式中：l——竖曲线任意点至竖曲线起点(终点)的距离(m)；

R——竖曲线的半径(m)。

3. 竖曲线的设计计算

1)计算竖曲线的起、终点的桩号

$$\text{竖曲线的起点桩号} = \text{变坡点的桩号} - T$$

$$竖曲线的终点桩号 = 变坡点的桩号 + T$$

2)竖曲线上任意点竖距

$$h = \frac{l^2}{2R}$$

3)计算竖曲线上任意点的设计高程

某桩号在凸形竖曲线的设计高程 H_S = 该桩号在切线上的设计高程 $H_T - h$

某桩号在凹形竖曲线的设计高程 H_S = 该桩号在切线上的设计高程 $H_T + h$

竖曲线设计计算图式如图 4-31 所示。

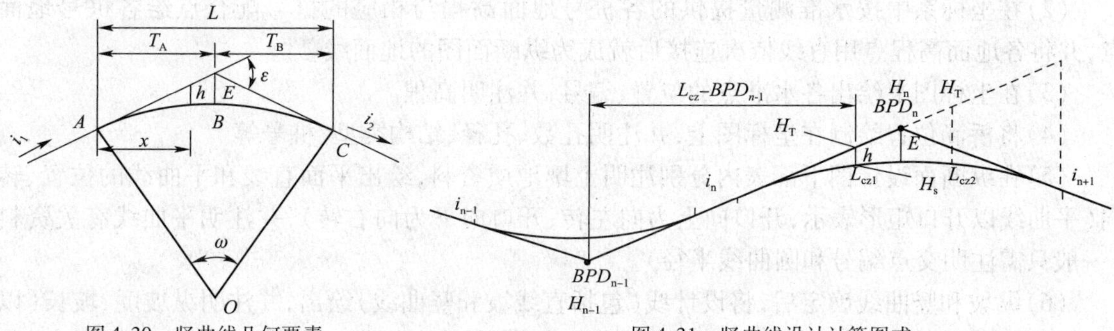

图 4-30 竖曲线几何要素　　图 4-31 竖曲线设计计算图式

【案例 4-4】

某山岭区二级公路,变坡点桩号为 K3 +030.00 高程为 427.68,前坡为上坡,$i_1 = +5\%$,后坡为下坡,$i_2 = -4\%$,竖曲线半径 $R = 2000$m。试计算竖曲线诸要素以及桩号为 K3 +000.00 和 K3 +100.00 处的设计高程。

(1)计算竖曲线要素

$\omega = i_1 - i_2 = 5\% - (-4\%) = 0.09$

所以该竖曲线为凸形竖曲线

曲线长: $L = R\omega = 2000 \times 0.09 = 180\text{m}$

切线长: $T = L/2 = 180/2 = 90\text{m}$

外距: $E = \dfrac{T^2}{2R} = \dfrac{90^2}{2 \times 2000} = 2.03\text{m}$

(2)竖曲线起、终点桩号

竖曲线起点桩号 = (K3 +030.00) − 90 = K2 +940.00

竖曲线终点桩号 = (K3 +030.00) + 90 = K3 +120.00

(3)K3 +000.00、K3 +100.00 的切线高程和改正值

K3 +000.00 的切线高程 = 427.68 − (K3 +030.00 − K3 +000.00) ×5% = 426.18m

K3 +000.00 的改正值 $= \dfrac{(\text{K3} + 000.00 - \text{K2} + 940.00)^2}{2 \times 2000} = 0.90\text{m}$

K3 +100.00 的切线高程 = 427.68 − (K3 +100.00 − K3 +030.00) ×4% = 424.88m

K3 +100.00 的改正值 $= \dfrac{(\text{K3} + 120.00 - \text{K3} + 100.00)^2}{2 \times 2000} = 0.10\text{m}$

(4)K3 +000.00 和 K3 +100.00 的设计高程

K3 +000.00 的设计高程 = 426.18 − 0.9 = 425.28m

K3 +100.00 的设计高程 = 424.88 − 0.1 = 424.78m

任务七　纵断面设计成果的编制

一、纵断面设计图的绘制

(1)按一定的比例,在透明毫米方格计算纸上标出与本图适应的横向和纵向坐标,横向坐标标出百米桩号,纵向坐标标出整10m高程。

(2)在坐标系中按水准测量提供的各桩号地面高程与相应的桩号配合点绘各桩号地面点,并将各地面高程点用直线依次连接后就成为纵断面图的地面线。

(3)在坐标图上绘出各水准点的位置、编号,并注明高程。

(4)将桥涵位置绘制在坐标图上,并注明孔数、孔径、结构类型、桩号等。

(5)在纵断面设计图下部表内分别注明土壤地质资料,绘出平面直线和平曲线的位置、转向(平曲线以开口矩形表示,开口向上为向左转,开口向下为向右转),并注明平曲线有关资料(一般只需注明交点编号和圆曲线半径)。

(6)纵坡和竖曲线确定后,将设计线(包括直线坡和竖曲线)绘出,并注明纵坡度、坡长(以分式表示,分子为纵坡度,分母为坡长),在各竖曲线范围内分别注明各竖曲线的基本要素(包括变坡点桩号、竖曲线半径、切线长、外距)。

(7)填注其他各有关资料或特定需要的资料。

(8)描图或在透明毫米方格计算纸上直接上墨,待墨汁干后再将无用的铅笔字线擦净。

纵断面设计图应按规定采用标准图纸和统一格式,以便装订成册。公路纵断面图式如图4-32所示。

二、路基设计表的填写

路基设计表是公路设计文件的组成内容之一,它是平、纵、横等主要测设资料的综合。表中填列所有整桩、加桩及填挖高度、路基宽度(包括加宽)、超高值等有关资料,为路基横断面设计的基本数据,也是施工的依据之一。见表4-15。

第(1)栏"桩号"和第(5)栏"地面高程"都是从有关测量记录上抄录。

第(2)栏"平曲线"中,可只列转角号和半径,供计算加宽超高之用。

第(3)、(4)栏"坡度及竖曲线"是从纵断面图上抄录的,转坡点要注明桩号和高程,竖曲线要注明起、终点桩号。

第(6)栏"设计高程"在直坡段为切线高程,在竖曲线段应考虑"改正值",用公式计算出,其中 X 为各桩距竖曲线起点或终点的距离,R 由第(4)栏或直接由纵断面图上抄录,凹形竖曲线改正值为"+"号,凸形竖曲线改正值为"-"号;第(6)栏"设计高程"在竖曲线内,则为该桩号的切线高程改正值的代数和。

第(7)、(8)栏的"填"、"挖"是第(5)栏与第(6)栏之差,"+"号为填,"-"号为挖。

第(9)、(10)栏为左、右路基宽度,当圆曲线半径小于或等于250m时,应考虑平曲线内侧加宽。

第(11)、(12)、(13)栏为路基两侧边缘及中桩与设计高程的差,当圆曲线半径小于不设超高最小半径时,应考虑平曲线段超高。

360
350
340
330
R=750
T=15
E=0.14
1-0.730.75
石箱涵
K0+500.00
1-1.0XL0石箱涵
K0+625.00
R=2000
T=24
E=0.14
R=3000
T=28.5
E=0.14
R=750
T=24
E=0.37
R=700
T=40
E=0.48
R=1000
T=15
E=0.11
土壤地质说明
泥质砂岩
泥质页岩
泥质页岩
亚黏土
页岩
坡长(m) 坡度(%)
42 120 3 100 60 120 140 70 130 40 100 64 200(60) 40
填(m)
挖(m)
设计高程
地面高程
里程桩号
平曲线
JD1 R=25
R=200 JD2
R=100 JD3
JD44 R=65
JD5
JD6 R=45
R=55 JD7
JD77 R=50

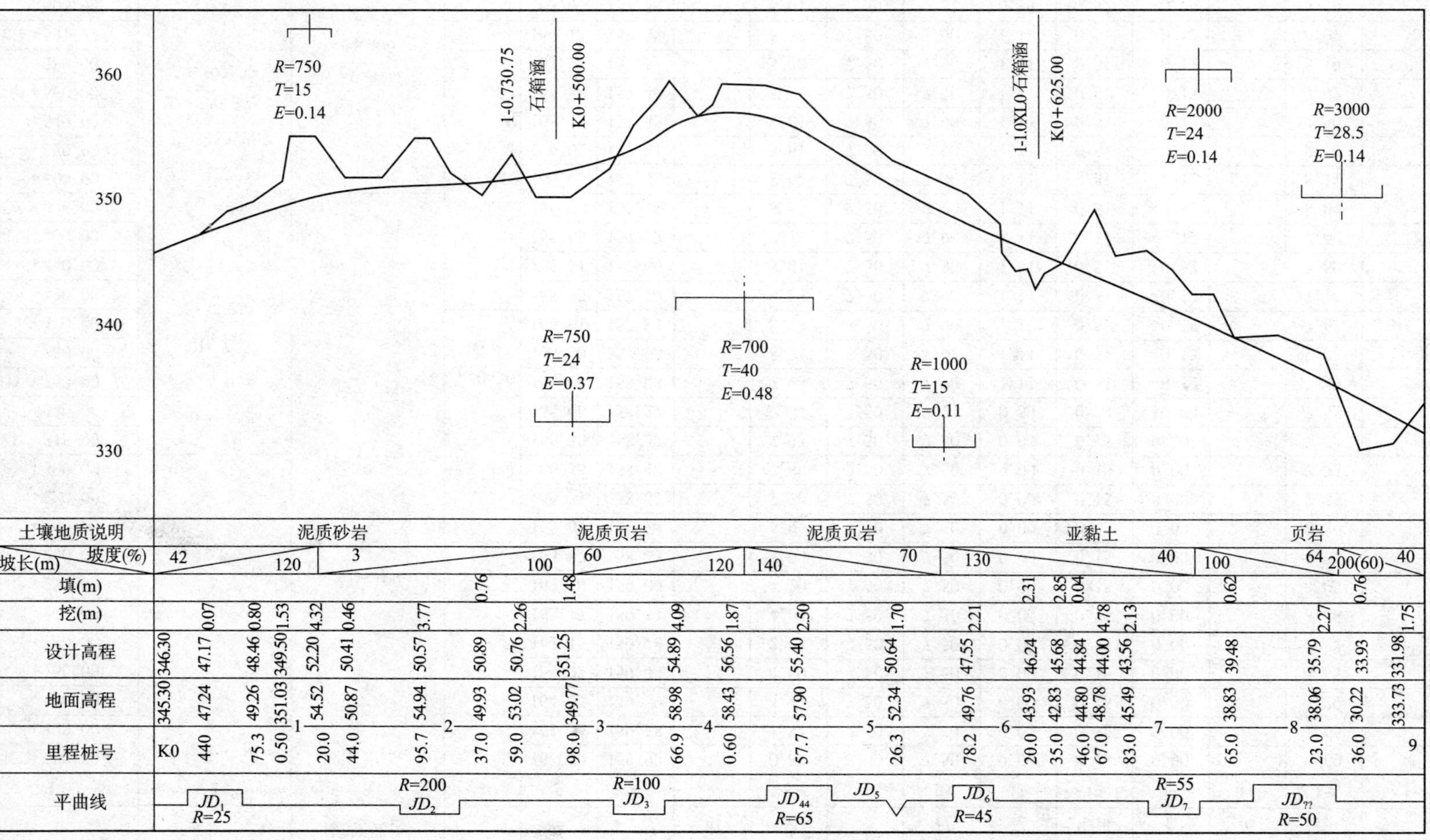

图4-32　公路纵断面图

路 基 设 计 表

表 4-15

桩号	平曲线	边坡点高程桩号及纵坡坡度坡长	竖曲线	地面高程(m)	设计高程(m)	填挖高度(m)		路基宽(m)		路边及中桩与设计高程之高差(m)			施工时中桩(m)		备注
						填	挖	左	右	左	中桩	右	填	挖	
1	2	3	4	5	6	7	8	9	10	11	12	13	14	15	16
K2 + 100.00				16.076	159.92		0.84	7.50	7.50	0.00	0.15	0.00		0.69	
+ 120.00				161.56	159.75		1.81	7.50	7.50	0.00	0.15	0.00		1.66	
+ 140.00				164.03	159.59		4.44	7.50	7.50	0.00	0.15	0.00		4.29	
+ 160.00				164.23	159.43		4.80	7.50	7.50	0.00	0.15	0.00		4.65	
+ 180.00				162.15	159.28		2.87	7.50	7.50	0.00	0.15	0.00		2.72	
+ 200.00				163.17	159.14		4.03	7.50	7.50	0.00	0.15	0.00		3.88	
+ 220.00		K2 + 100		163.20	159.00		4.20	7.50	7.50	0.00	0.15	0.00		4.05	
+ 240.00		$i = -0.65\%$		163.87	158.87		5.00	7.50	7.50	0.00	0.15	0.00		4.85	
+ 260.00		$L = 400$		165.69	158.74		6.95	7.50	7.50	0.00	0.15	0.00		6.80	
+ 280.00				166.31	158.61		7.70	7.50	7.50	0.00	0.15	0.00		7.55	
+ 300.00			+ 243.5	166.36	158.48		7.88	7.50	7.50	0.00	0.15	0.00		7.73	
ZH + 315.00				166.30	158.37		7.93	7.50	7.50	0.00	0.15	0.00		7.78	
+ 340.00				166.06	158.22		7.84	7.50	7.71	0.59	0.29	-0.04		7.55	
HY + 360.00		157.175	+ 404.6	166.06	158.08		7.98	7.50	7.90	1.11	0.51	-0.12		7.47	
+ 380.00	JD_5右			166.20	157.96		8.24	7.50	7.92	1.11	0.51	-0.12		7.73	
+ 400.00	78°53′21″			166.01	157.83		8.18	7.50	7.90	1.11	0.51	-0.12		7.67	
+ 420.00	$R = 200$			165.95	157.70		8.25	7.50	7.90	1.11	0.51	-0.12		7.74	
+ 440.00				165.61	157.60		8.01	7.50	7.90	1.11	0.51	-0.12		7.50	
+ 460.00	$L_{S1} = 45$			165.63	157.52		8.11	7.50	7.90	1.11	0.51	-0.12		7.60	
QZ + 476.08	$L_{S2} = 45$		凹	166.02	157.47		8.55	7.50	7.90	1.11	0.51	-0.12		8.04	
+ 500.00	$T_1 = 187.38$		$R = 18000$	166.05	157.43		8.62	7.50	7.90	1.11	0.51	-0.12		8.11	
+ 520.00	$T_2 = 187.38$		$T = 95.4$	166.02	157.41		8.61	7.50	7.90	1.11	0.51	-0.12		8.10	
+ 540.00		K2 + 500		165.43	157.42		8.01	7.50	7.90	1.11	0.51	-0.12		7.50	
+ 560.00	$L = 320.375$	$i = 0.41\%$		165.89	157.46		8.43	7.50	7.90	1.11	0.51	-0.12		7.92	
+ 580.00	$E = 59.533$	$L = 400$		163.21	157.51		5.70	7.50	7.90	1.11	0.51	-0.12		5.19	
YH + 591.27				164.13	157.55		6.58	7.50	7.90	1.11	0.51	-0.12		6.07	
+ 600.00			+ 595.4	163.60	157.59		6.01	7.50	7.82	0.89	0.42	-0.09		5.59	
+ 620.00				162.86	157.67		5.19	7.50	7.64	0.40	0.20	-0.02		4.99	

项目五　路线横断面测设

知识目标

1. 掌握公路横断面的组成及各组成部分的功能。
2. 熟悉公路路基标准、典型横断面。
3. 掌握公路路基横断面测绘和设计方法。
4. 掌握公路路基横断面的布置。
5. 了解公路路基土石方调配的原则。
6. 掌握公路路基土石方计算与调配步骤,熟悉路基土石方调配的原则和一般要求。

能力目标

1. 能准确描述公路横断面的组成及各组成部分功能。
2. 能合理的运用《标准》确定道路横断面的组成及其尺寸的确定。
3. 能绘制公路横断面标准横断面图。
4. 能参照典型横断面图绘制道路横断面设计图。
5. 会填写路基土石方数量计算表,并进行合理的土石方调配。

任务一　认识横断面

公路中线的法线方向剖面图称为公路横断面图,简称横断面,它是由横断面设计线与横断面地面线所围成的图形。在横断面上的内容包括:行车道、中间带、路肩、边坡、边沟、截水沟、护坡道以及专门设计的取土坑、弃土堆、环境保护等设施,各部分的位置、名称如图5-1、图5-2所示。

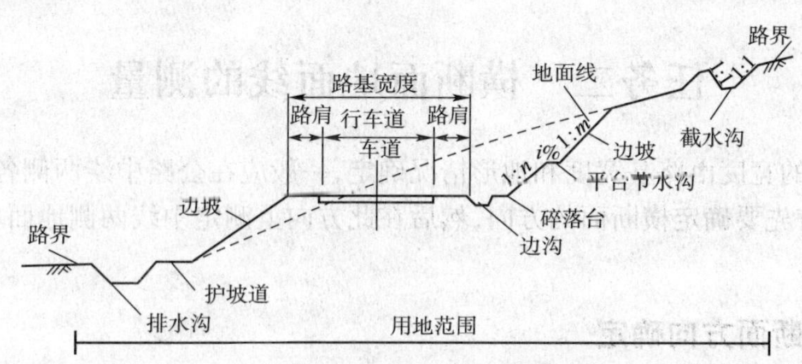

图5-1　二、三、四级公路路基横断面的组成

高速公路和一级公路的路基横断面分为整体式和分离式两类。上下行的公路的横断面由一个路基形成称为整体式;由两个路基分别独立形成为分离式,整体式横断面上包括行车道、

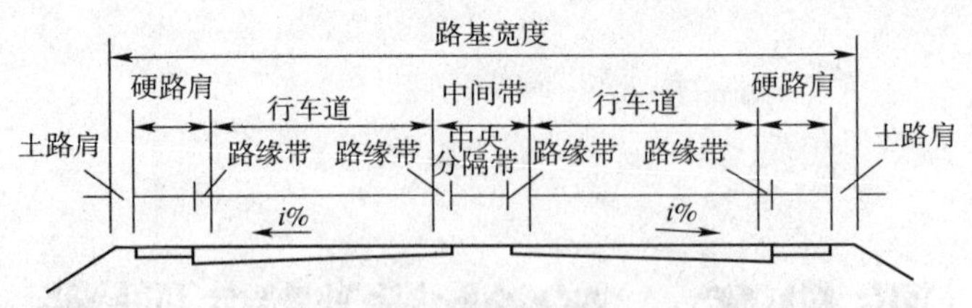

图 5-2　高速公路、一级公路路基横断面

中间带、路肩、紧急停车带、爬坡车道、变速车道等；分离式的断面没有个中间带，其他部分和整体式断面相同，如图 5-3、图 5-4 所示。

图 5-3　整体式路基横断面

图 5-4　分离式路基横断面

二、三、四级公路采用整体式断面，不设中间带，它的组成包括行车道、路肩、错车道等，如图 5-1 所示。

路线横断面测量是测定各中桩处垂直于中线方向上的地面起伏情况，然后绘制成横断面图，供路基、边坡、特殊构造物的设计、土石方的计算和施工放样之用。

路线横断面设计是路线设计的重要组成部分，它和纵断面设计、平面设计相互影响，所以在设计中应对平、纵、横三个方面结合起来综合考虑，反复比较和调整后，才能达到各元素之间的协调一致，做到组成合理、用地节省、工程经济和有利于环境保护。

横断面设计的主要内容是：确定横断面的形式，各组成部分的位置和尺寸以及路基土石方的计算和调配。路拱、路面结构和厚度、路基的强度和稳定性以及超高、加宽、平面视距等在本教材的有关任务中介绍。

任务二　横断面地面线的测量

横断面测量的宽度由路基宽度和地形情况确定，一般应在公路中线两侧各测 15 ~ 50m。

测量顺序：首先要确定横断面的方向，然后在此方向上测定中线两侧地面坡度变化点的距离和高差。

一、道路横断面方向确定

1. 直线段横断面方向测定

横断面方向的确定主要包括直线段和曲线段，而直线段和曲线段上的横断面标定方法是不同的，现分述如下：

直线段横断面方向与路线中线垂直,一般采用方向架测定。如图5-5所示,将方向架置于待标定横断面方向的桩点上,方向架上有两个相互垂直的固定片,用其中一个固定片瞄准该直线段上任一中桩,另一个固定片所指明方向即为该桩点的横断面方向。

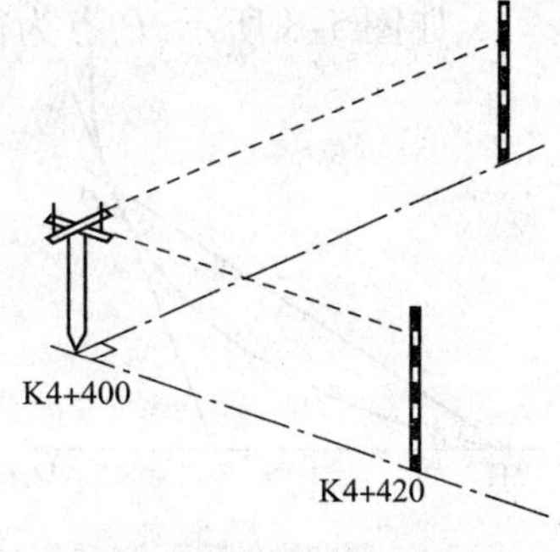

图5-5 直线段横断面方向

2.圆曲线横断面方向测定

圆曲线段上中桩点的横断面方向为垂直于该中桩点切线的方向。由几何知识可知,圆曲线上一点横断面方向必定沿着该点的半径方向。测定时一般采用求心方向架法,即在方向架上安装一个可以转动的活动片,并有一固定螺旋可将其固定。如图5-6所示。

用求心方向架测定横断面方向,如图5-7所示。欲测定圆曲线上某桩点1的横断面方向,可按下述步骤进行:

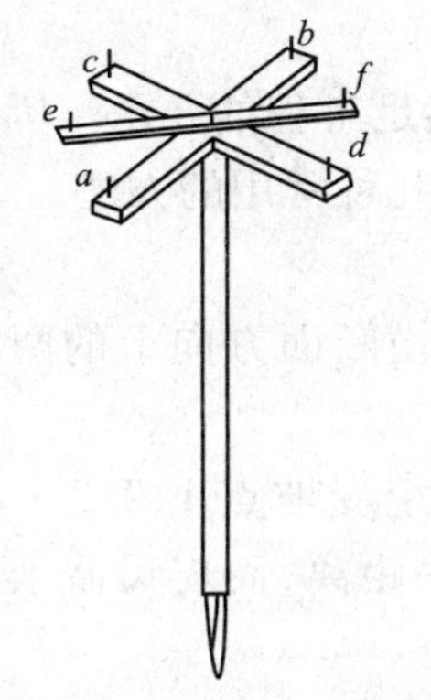

图5-6 有活动片的方向架

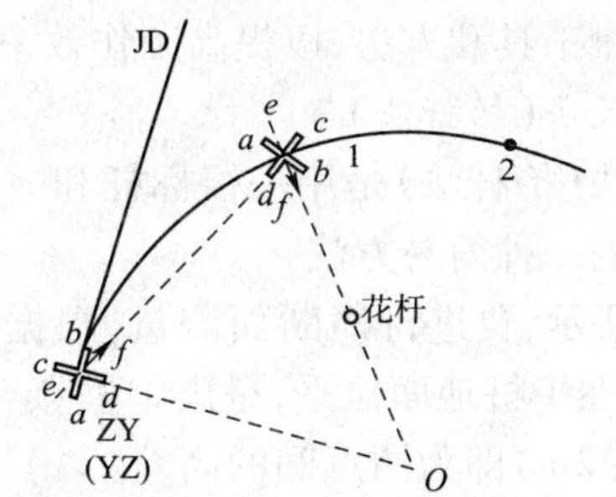

图5-7 圆曲线段上横断面方向标定

①将求心方向架置于圆曲线的ZY(或YZ)点上,用方向架的一固定片ab照准交点(JD)。此时ab方向即为ZY(或YZ)点的切线方向,则另一固定片cd所指明方向即为ZY(或YZ)点横断面方向。

②保持方向架不动,转动活动片ef,使其照准1点,并将ef用固定螺旋固定。

③将方向架搬至1点,用固定片cd照准圆曲线的ZY(或YZ)点,则活动片ef所指明方向即为1点的横断面方向,标定完毕。

在测定2点的横断面方向时,可在1点的横断面方向上插一花杆,以固定片cd照准花杆,ab片的方向即为切线方向。此后的操作与测定1点,横断面方向时完全相同,保持方向架不动,用活动片ef瞄准2点并固定之。将方向架搬至2点,用固定片cd瞄准1点,活动片即方向即为2点的横断面方向。

如果圆曲线上桩距相同,在定出1点横断面方向后,保持活动片ef原来位置,将其搬至2点上,用固定片cd瞄准1点,活动片ef即为2点的横断面方向。圆曲线上其他各点的横断面方向亦可按照上述方法进行标定。

3.缓和曲线横断面方向确定

缓和曲线段上一中桩点处的横断面方向是通过该点指向曲率半径的方向,即垂直于该点切线的方向。可采用下述方法进行标定:利用缓和曲线的弦切角Δ和偏角δ的关系:$\Delta=2\delta$,定出中桩点处曲率切线的方向,由图5-8有活动片的放了切线方向,即可用带度盘的方向架或经纬仪标定出法线(横断面)方向。

具体步骤如下：

如图 5-8 所示，P 点为待标定横断面方向的中桩点。

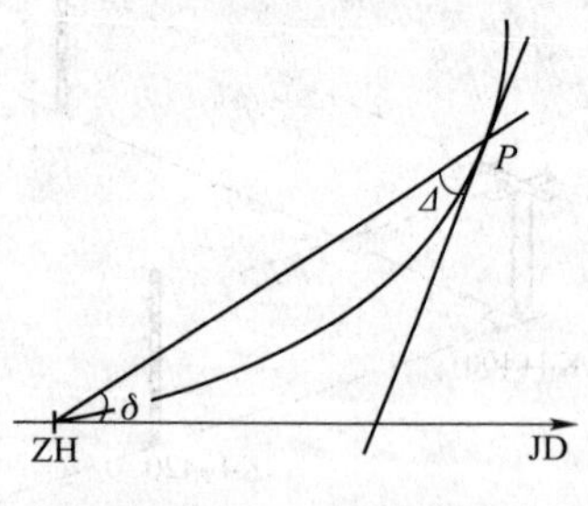

图 5-8 缓和段横断面方向标定

①按公式 $\delta = \left(\frac{l}{l_s}\right)^2 \delta_0 = \frac{1}{3}\left(\frac{l}{l_s}\right)^2 \beta_0$，计算出偏角 δ，并由 $\Delta = 2\delta$ 计算弦切角 Δ。

②将带度盘的方向架（亦称圆盘仪）或经纬仪安置于 P 点。

③操作方向架的定向杆或经纬仪的望远镜，照准缓和曲线的 ZH 点，同时使度盘读数为 Δ。

④顺时针转动方向架的定向杆或经纬仪的望远镜，直至度盘的读数为 90°（或 270°）。此时，定向杆或望远镜所指方向即为横断面方向。

二、道路横断面测量

横断面测量中的距离和高差一般准确到 0.1m 即可满足工程的要求。因此横断面测量多采用简易的测量工具和方法，以提高工作效率。下面介绍几种常用的方法。

1. 标杆皮尺法（抬杆法）

标杆皮尺法（抬杆法）是用一根标杆和一卷皮尺测定横断面方向上的两相邻变坡点的水平距离和高差的一种简易方法。

如图 5-9 所示，要进行横断面测量，根据地面情况选定变坡点 1、2、3…。将标杆竖立于 1 点上，皮尺靠在中桩地面拉平，量出中桩点至 1 点的水平距离，而皮尺截于标杆的红白格数（通常每格为 0.2m）即为两点间的高差。

测量员报出测量结果，以便绘图或记录，报数时通常省去“水平距离”4 字，高差用“低”或“高”报出，例如，图示中桩点与 1 点间，报为“6.0m低 1.6m”，记录如表 5-1 所列。同法可测得 1 点与 2 点、2 点与 3 点……的距离和高差。表中按路线前进方向分左、右侧，以分数形式表示各测段的高差和距离，分子表示高差，正号为升高，负号为降低；分母表示距离。自中桩由近及远逐段测量与记录。

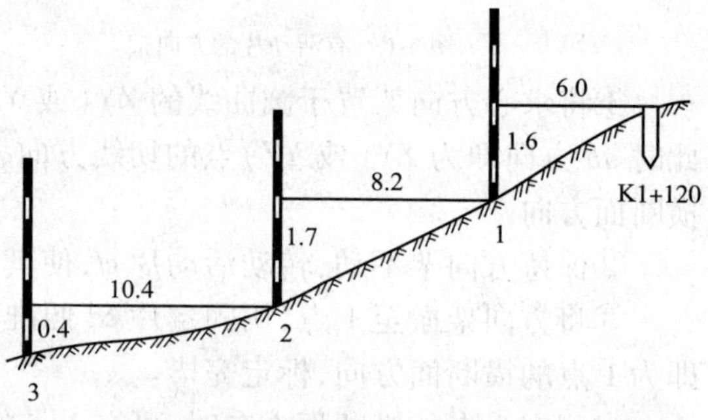

图 5-9 抬杆法测横断面

抬杆法测横断面测量记录表 表 5-1

左 侧	里程桩号	右 侧
… $\frac{-0.4}{10.4}$ $\frac{-1.7}{8.0}$ $\frac{-1.6}{6.0}$	K1 +120	$\frac{+1.0}{4.8}$ $\frac{+1.4}{12.5}$ $\frac{-2.2}{8.6}$ …
…	…	…

2. 水准仪皮尺法

水准仪皮尺法是利用水准仪和皮尺，按水准测量的方法测定各变坡点与中桩点间的高差，用皮尺丈量两点的水平距离的方法，如图 5-10 所示。

水准仪安置后，以中桩点为后视点，在横断面方向的变坡点上立尺进行前视读数，并用皮

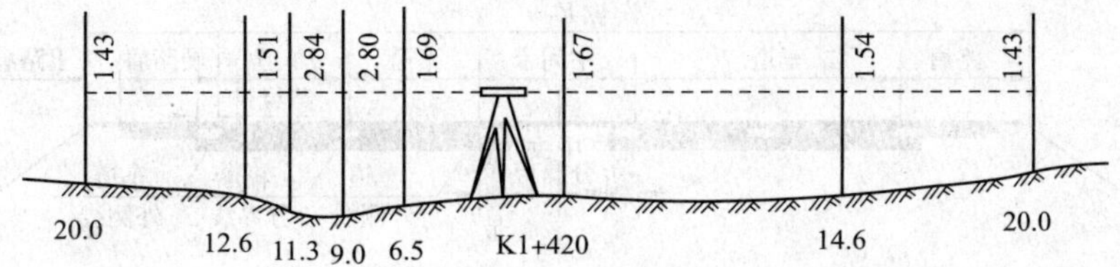

图 5-10　水准仪皮尺法测横断面

尺量出各变坡点至中桩的水平距离。水准尺读数准确到厘米,水平距离准确到分米,记录格式如表 5-1 所列。此法适用于断面较宽的平坦地区,其测量精度较高。

3. 经纬仪视距法

经纬仪视距法是指在地形复杂、山坡较陡的地段采用经纬仪按视距测量的方法测得各变坡点与中桩点间的水平距离和高差的一种方法。施测时,将经纬仪安置在中桩点上,用视距法测出横断面方向上各变坡点至中桩的水平距离和高差。横断面测量,高速公路、一级公路一般采用水准仪皮尺法、经纬仪视距法、二级及二级以下公路可采用标杆皮尺法。

三、道路横断面图绘制

(1)测绘:现场边测边绘,也能及时在现场核对,减少差错。

(2)要求:横断面图的比例尺一般是 1:200 或 1:100,横断面图绘在厘米方格纸上,图幅为 350mm × 500mm,每厘米有一细线条,每 5cm 有一粗线条,细线间一小格是 1mm。绘图时以一条纵向粗线为中线,以纵线、横线相交点为中桩位置,向左右两侧绘制。

(3)先标注中桩的桩号,再用铅笔根据水平距离和高差,将变坡点点绘在图纸上,然后用小三角板将这些点连接起来,就得到横断面的地面线。显然一幅图上可绘多个断面图,一般规定绘图顺序是从图纸左下方起,自下而上、由左向右,依次按桩号绘制。如图 5-11 所示。目前,横断面绘图大多采用计算机,选用合适的软件进行绘制。

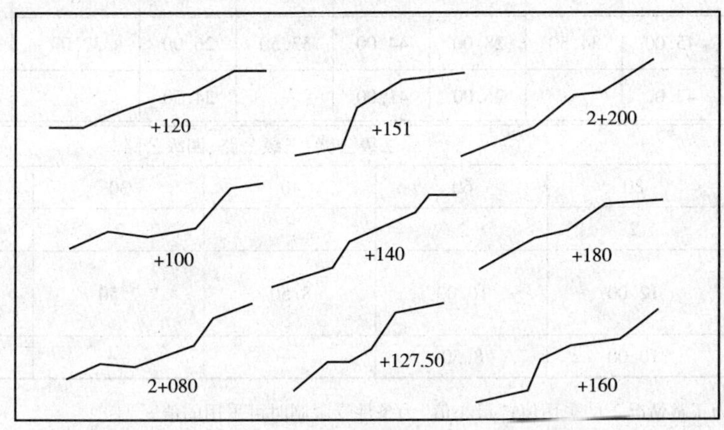

图 5-11　横断面图绘图顺序

任务三　路基标准横断面

路基标准横断面是交通运输部根据设计交通量、交通组成、设计车速、通行能力和满足交通安全的要求,按公路等级、断面的类型、路线所处地形规定的路基横断面各组成部分横向尺寸的行业标准。各级公路的路基标准横断面如图 5-12 所示。

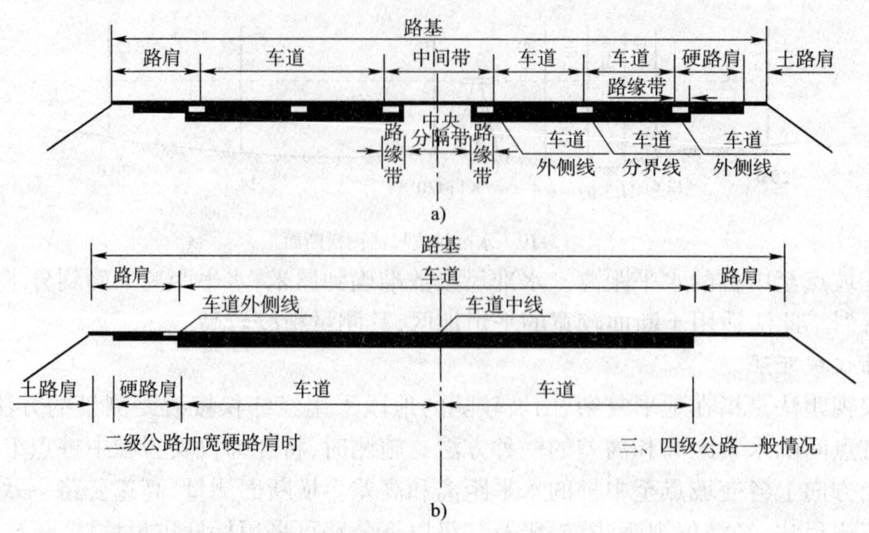

图 5-12 各级公路路基标准横断面图

一、路基宽度

路基宽度是指在一个横断面上两路肩外缘之间的宽度，一般是指行车道与路肩宽度之和，当没有中间带、紧急停车带、爬坡车道、变速车道、错车道时，应包括在路基宽度内，《标准》规定的各级公路的路基宽度见表 5-2。

各级公路路基宽度 表 5-2

公路等级		高速公路、一级公路								
设计速度(km/h)		120			100			80		60
车道数		8	6	4	8	6	4	6	4	4
路基宽度(m)	一般值	45.00	34.50	28.00	44.00	33.50	26.00	32.00	24.50	23.00
	最小值	42.00	—	26.00	41.00	—	24.50	—	21.50	20.00

公路等级		二级公路、三级公路、四级公路					
设计速度(km/h)		80	60	40	30	20	
车道数		2	2	2	2	2 或 1	
路基宽度(m)	一般值	12.00	10.00	8.50	7.50	6.50(双车道)	4.50(单车道)
	最小值	10.00	8.50	—	—	—	

注：①"一般值"为正常情况下的采用值；"最小值"为条件受限制时可采用的值。

②八车道高速公路路基宽度"一般值"为设置左侧硬路肩、内侧车道采用 3.50m 时的宽度；八车道高速公路路基宽度"最小值"为不设置左侧硬路肩、内侧车道采用 3.75m 时的宽度。

一般情况下应采用表 5-2 中的一般值，有条件时还可适当增加硬路肩和路基宽度，以利交通组织和日后交通量增加时拓宽行车道。只有在受地形或特困和其他特殊情况限制时，在局部路段才能使用变化值，且不宜太长，以免影响全路的使用质量。四级公路一般采用 3.5m 的行车道和 6.5m 的路基；当交通量较大时，可采用 6.0m 的行车道和 7.0m 的路基；当交通量很小或工程特别艰巨的路段，可采用 4.5m 的路基和 3.5m 的单车道，但必须设置错车道。

二、行车道

1. 行车道的功能

行车道为车辆行驶提供通行条件，行车道的宽度和路面状况影响车辆行驶的安全性、舒适性和公路的通行能力，行车道过窄会使不同车道之间的横向间距不足，车辆的横向干扰增加，平均速度和通行能力下降。

2. 车道数

公路的车道数主要根据该路的预测交通量来确定，行车道的基本数目应在一个较大的路线长度内保持不变，而且当车道数目需要增加或减少时，一次应不多于一条车道，各级公路的车道数见表5-2。

3. 行车道宽度

一条车道的宽度必须能满足设计车辆在有一定横向偏移的情况下运行，并能为相邻车道上的车流提供余宽，所以汽车所需车道的宽度受车速、交通量、驾驶员的驾驶能力、会车等影响，各级公路一条车道宽度的确定方法见表5-3。

车道宽度 表5-3

设计速度(km/h)	120	100	80	60	40	30	20
车道宽度(m)	3.75	3.75	3.75	3.50	3.50	3.25	3.00 (单车道时为3.50)

注:高速公路为八车道，当设置左侧硬路肩时，内侧车道宽度可采用3.50m。

4. 变速车道

当车辆需要加速合流或减速分流时，应根据公路的等级、使用性质等增加一段使车辆速度过渡的车道，使变速车辆不致因速度的变化而影响其他车辆的正常行驶。在高速公路和一级公路的互通式立体交叉、服务区等与主线连接处。没有变速车道，其宽度一般为3.5m，长度与速度变化范围、车辆特性等因素有关。可经计算确定，一般情况下可采用《公路路线设计规范》规定的数值。

5. 错车道

四级公路路基宽度采用4.5m时，路面只能设一个车道。错车道是为了解决双向行车的错车而设置的，错车道应设在有利地点，使驾驶员能够看清相邻两错车道间的车辆，错车路段的路基宽度不小于6.5m，有效长度不小于20m，如图5-13所示。错车道的间距应根据错车时间、视距、交通量等确定，一般不大于300m。

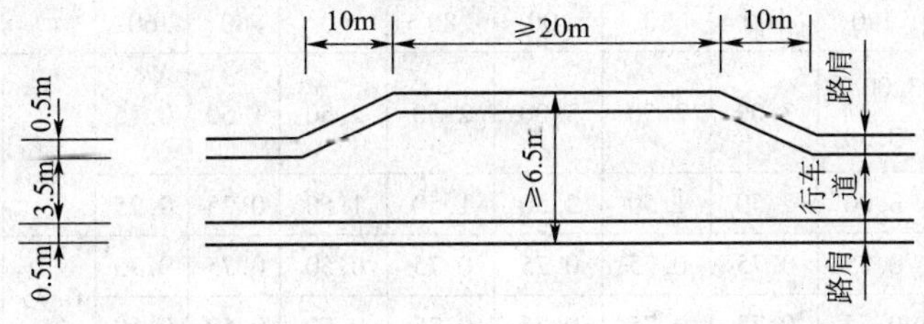

图5-13 错车道

6. 中间带

中间带由路线双向的两条左侧路缘带和中央分隔带组成。中央分隔带是分隔高速公路或一级公路上对向行车道的地带。

1）中间带的功能

①分离不同方向的交通流，减少车辆的对向干扰，以防止无序的交叉运行和转弯运行。

②在不妨碍公路限界的前提下，作为设置公路标牌的场地。

③在交叉路口为左转车辆提供避让区域。

④提供绿化带，以遮挡对向车灯的眩光。

⑤引导驾驶员的视线，同时为失控车辆提供救险区域。

⑥埋设管线等设施。

2）中间带的宽度

中间带的作用明显，但投资、占地多。一般均采用窄分隔带高出行车道表面的中央分隔带，称为凸形；也有宽度大于4.5m的凹形，表面采用植草、栽灌木或铺面。

中间带可不等宽，也不一定等高，应与地形、景观等配合。不等宽的中间带应逐步过渡，避免突变。中央分隔带每隔2km设置一处开口，供紧急特殊情况使用。中间带宽度见表5-4。正常情况下采用一般值，当遇特殊情况时可以采用低限值。

中间带宽度 表5-4

设计速度（km/h）		120	100	80	60
中央分隔带宽度（m）	一般值	3.00	2.00	2.00	2.00
	最小值	2.00	2.00	1.00	1.00
左侧路缘带宽度（m）	一般值	0.75	0.75	0.50	0.50
	最小值	0.75	0.50	0.50	0.50
中间带宽度（m）	一般值	4.50	3.50	3.00	3.00
	最小值	3.50	3.00	2.00	2.00

注："一般值"为正常情况下的采用值；"最小值"为条件受限制时可采用的值。

7. 路肩

路肩位于行车道外缘至路基边缘之间，是具有一定宽度的带状结构物。高速公路和一级公路的路肩包括硬路肩和土路肩两部分；二、三、四级公路的路肩一般只设土路肩。路肩的主要作用是保护行车道，供行人、自行车通行和临时停放车辆。《公路路线设计规范》（JTG D20—2006）规定的各级公路路肩宽度见表5-5。

右侧路肩宽度 表5-5

设计速度（km/h）		高速公路			一级公路			二级公路		三级公路		四级公路
		120	100	80	100	80	60	80	60	40	30	20
右侧硬路肩宽度（m）	一般值	3.00或3.50	3.00	2.50	3.00	2.50	2.50	1.50	0.75	—	—	—
	最小值	3.00	2.50	1.50	2.50	1.50	1.50	0.75	0.25			
右侧土路肩宽度（m）	一般值	0.75	0.75	0.75	0.75	0.75	0.50	0.75	0.75	0.75	0.50	0.25（双车道） 0.50（单车道）
	最小值	0.75	0.75	0.75	0.75	0.75	0.50	0.50	0.50			

注：表中所列"一般值"为正常情况下的采用值；"最小值"为条件受限制时可采用的值。

（1）设计速度为120km/h的四车道高速公路，右侧硬路肩宜采用3.50m；六车道、八车道高速公路，宜采用3.00m。

(2)高速公路、一级公路应在右侧硬路肩宽度内设右侧路缘带,其宽度为0.50m。

(3)二级公路的硬路肩可供非汽车交通使用。非汽车交通量较大的路段,亦可采用全铺的方式,以充分利用。

(4)二级公路、三级公路、四级公路在路肩上设置的标志、防护设施等不得侵入公路建筑限界,否则应加宽路肩。

高速公路、一级公路分离式路基的左侧也应设置路肩,见表5-6。

高速公路、一级公路分离式路基的左侧路肩宽度 表5-6

设计速度(km/h)	120	100	80	60
左侧硬路肩宽度(m)	1.25	1.00	0.75	0.75
左侧土路肩宽度(m)	0.75	0.75	0.75	0.50

8.路缘带

路缘带既可以是硬路肩的一部分,又可以是中间带的一部分,主要取决于它的位置,如图5-12所示。在中间带范围内的路缘带是中间带的组成部分;在路肩范围内的路缘带属路肩的组成部分,它的主要功能是诱导驾驶员视线和提供部分侧向余宽。当汽车越出行车道时,能加强行车安全。

9.应急停车带

应急停车带是车辆发生故障时紧急停车的区域。当硬路肩宽度足以停车时就无须设置应急停车带;当高速公路和一级公路右侧硬路肩宽度小于2.5m,不足以停车时,为使发生故障的车辆尽快离开行车道,就设置应急停车带。其他等级的公路是否设置应急停车带,根据实际情况决定。

停车带的间距主要考虑发生故障车辆可能滑行的距离和工程量、交通量等因素,使其既能发挥应急停车的作用,又不造成工程量的大幅增加,所以《公路工程技术标准》(JTG B01—2003)规定,应急停车带的间距不宜大于500m。

应急停车带的宽度包括硬路肩在内为3.5m,有效长度不小于30m。此外在应急停车带的两端还需设置一个斜线的缓和过渡段,长度为20m(对低等级公路可为10m)。

任务四 路基典型横断面

一、认识典型断面

在公路设计中,我们把起伏不平的地形变成了可供汽车行驶的公路,因此原地面低于公路的设计线,就需要填筑不足部分;反之,就需要挖去多余部分;若上述两种情况同时出现在一个断面内,就形成既填又挖。我们把高于原地面的填方路基称为路堤;低于原地面的挖方路基称为路堑;在一个断面内,部分要填,另一部分要挖的路基称为半填半挖路基,如图5-14所示。

以上介绍的路基横断面的三种基本形式,由于自然地形、地质条件的多样性,由此可派生出一系列类似的断面形式,它们在公路设计中经常被采用,故称为典型横断面。了解典型横断面的特点,对于结合地形正确地设计路基横断面是十分必要的。

1.路堤

常用的填方路堤断面如图5-15所示。

(1)一般路堤:填土高度大于1m小于20m的路堤。

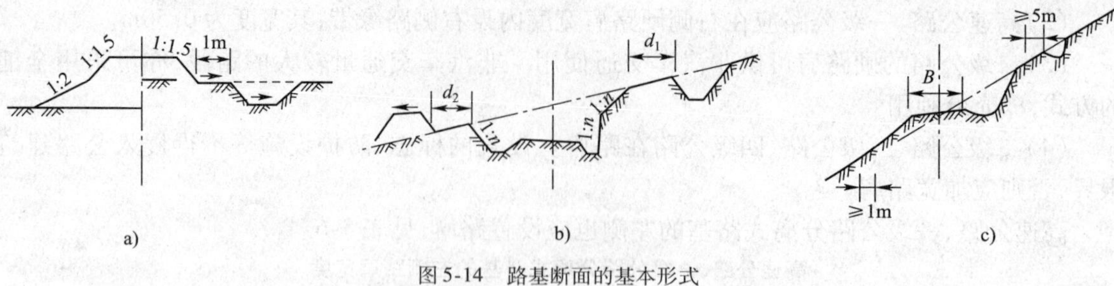

图 5-14　路基断面的基本形式

a）一般路堤；b）一般路堑；c）半填半挖路基

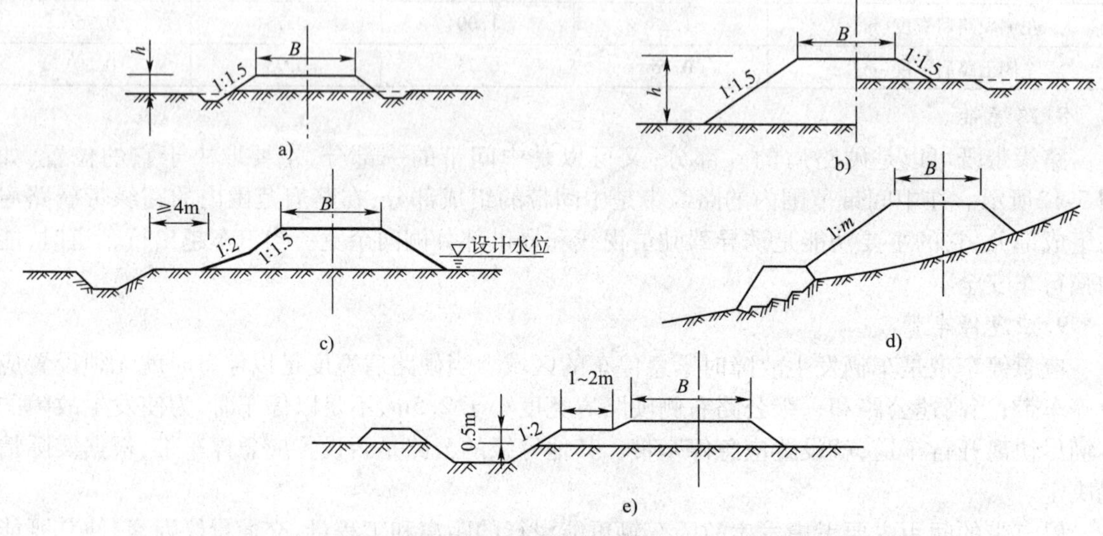

图 5-15　填方路堤断面

（2）矮路堤：填土高度小于1m，为排水常需设置边沟。

（3）沿河路堤：路堤浸水部分的路堤边坡采用1∶2，并视水流冲刷情况采用措施。

（4）陡坡护脚路堤：当路堤的坡脚伸出较远且不稳定或坡脚占用耕地较多时，用护脚取代坡脚的路堤。

（5）利用挖渠土填筑路基：这是农田水利建设与公路建设相结合的形式，但需要考虑渠道的水流是否影响公路的正常使用，以及路基在渠道设计水位的影响下强度、稳定性是否满足要求。

图 5-16 为填土路堤和填石路堤。

a)

b)

图 5-16　填方路堤

a）填土路堤；b）填石路堤

2. 路堑

常用的挖方路堑断面形式如图 5-17 所示。

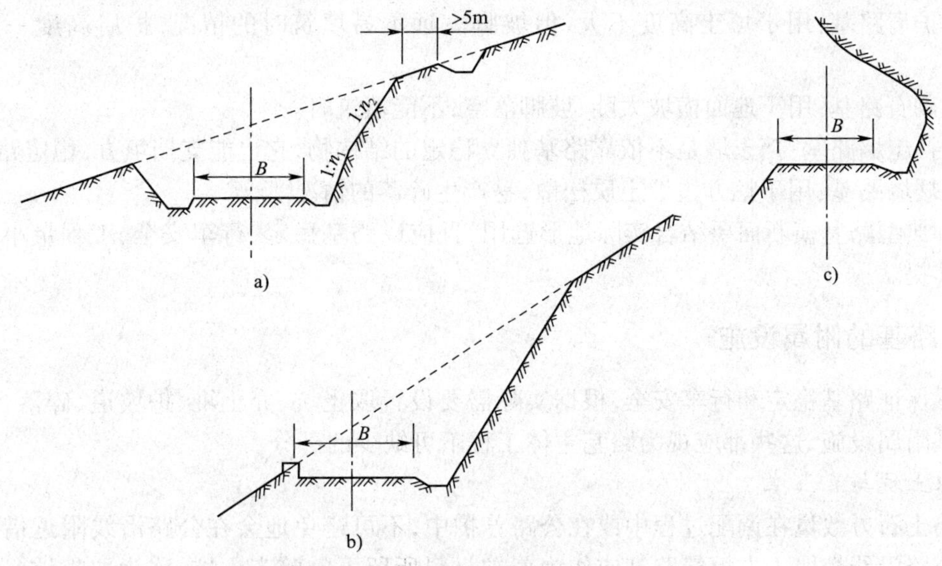

图 5-17　挖方路堑断面形式

(1)一般路堑:路堑必须设置边沟,以排除路面积水;为拦截山坡上方的地面水流向路基,在坡顶外至少 5m 处设置截水沟。路堑挖出的废弃土石方,置于地形下侧的路堑坡顶以外至少 3m,形成弃土堆。

(2)台口式路堑:山体的自然坡面为路堑的下边坡,适用于地质状况良好的地段。

(3)半山洞:半山洞适用于整体坚硬的岩石层上,为节省工程量采用的一种形式,应用时应注意公路的安全和建筑限界的要求。

3. 半填半挖路基

常用的半填半挖路基断面形式如图 5-18 所示。

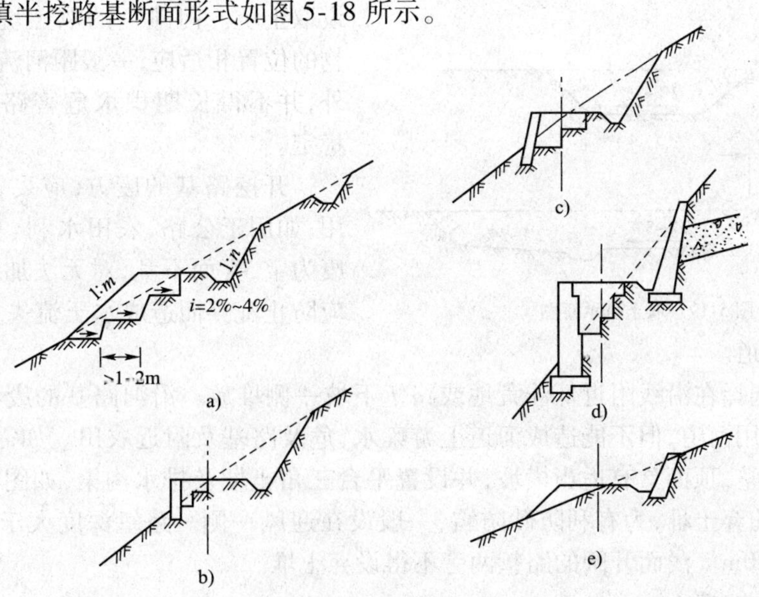

图 5-18　半填半挖路基断面形式

a)半填半挖路基;b)护肩路基;c)砌石路基;d)挡土墙路基;e)矮墙路基

(1)一般半填半挖路基:半填半挖路基是比较经济的断面形式,注意当原地面横坡大于1:5时,将原地面挖成台阶,以保证填土的稳定。

(2)护肩路基:用于填土高度不大,但坡脚太远不易填筑时的情况,护肩高度一般不超过3m。

(3)砌石路基:用于地面横坡太陡,坡脚落空,不能填筑时。

(4)挡土墙路基:挡土墙是不依靠路基独立稳定的结构物,它也能支挡填方,稳定路基。

(5)矮墙路基:用于挖方边坡土质松散,易产生碎落的情况。

各种典型路基横断面要结合实际地形选用,且应以路基稳定、行车安全、工程量小和经济适用为前提。

二、路基的附属设施

为了保证路基稳定和行车安全,根据实际需要设置取土坑、弃土堆、护坡道、碎落台、堆料坪等路基附属设施,这些都应视为路基主体工程不可缺少的部分。

1. 取土坑与弃土堆

公路土石方数量在调配过程中或在公路养护中,不可避免地会在公路沿线附近借土或弃土。在公路沿线挖取土方填筑路基或作为养护材料所留下的整齐土坑,称为取土坑。将开挖路基所废弃的土,按一定的规则形状堆放于公路沿线一定距离内称为弃土堆。无论借土或取土,首先要选择合理的地点。一般应从土质、数量、占地及运输等方面考虑选点;其次要结合农田水利,改地造田,少占或不占良田,维护自然生态平衡合理选点,从而做到"借之有利,弃之无害"。

取土坑一般设置在地势较高的一侧,其深度和宽度应视取土数量、施工方法及用地许可条件而定。平原区一般深度为1.0m。为防止坑内积水,路基坡脚与坑之间,当堤顶与坑底高差超过2m时,需设宽度1.0m的护坡道,坑底设纵横排水坡及相应设施,如图5-19所示。

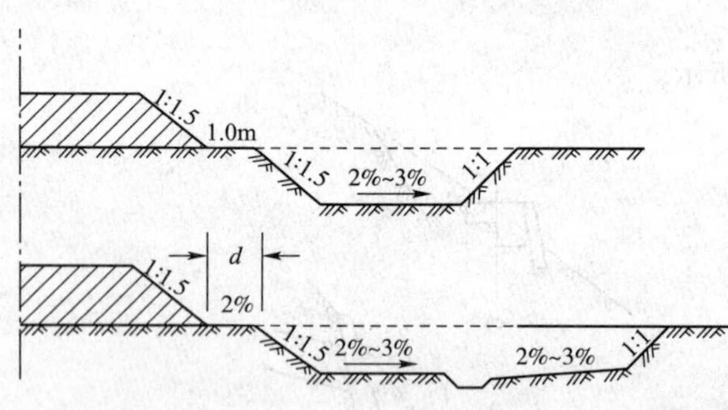

图5-19 取土坑示意图

河流淹没地段的桥头引道两侧一般不设取土坑。河滩上的取土坑应与调治构造物的位置相适应,一般距河流水位界10m以外,并不得长期积水危害路基或构造物的稳定。

开挖路基的废方,应妥善处理,充分利用;如用于公路、农田水利、基建等,做到变废为宝,弃而不乱,对无法加以利用的弃土,应防止乱弃而造成水土流失,危害路基及农田水利,淤塞河道。

废方一般选择在沿线附近低洼荒地或路堑下坡一侧堆放。沿河路基的废石方,条件允许时,可以部分占用河道,但不能造成河道上游壅水,危及路基及附近农田。如需在路堑上侧弃土,要求堆弃平整,顶面具有适当横坡,并设置平台三角土埂及排水沟渠,如图5-20所示。积砂或积雪地段的弃土堆,为有利防砂防雪,一般设在迎风一侧。路堑深度大于1.5m时,弃土堆距坡顶至少20m。浅而开阔的路堑两旁不得设弃土堆。

2. 护坡道与碎落台

当路堤较高时,为保证边坡稳定,在取土坑与坡脚之间或边坡坡面上,沿纵向保留或筑成有一定宽度的平台称为护坡道。其目的是加宽边坡横距,减缓边坡平均坡度,护坡道愈宽,愈有利于边坡稳定,但工程量随之增加,根据实际情况,宽度至少为 1.0m,并随填土高度增加而增大。一般情况下,护坡道宽度 d 为:$h<3.0m$,$d=1.0m$;$h=3\sim6m$,$d=2m$;$h=6\sim12m$,$d=2\sim4m$。

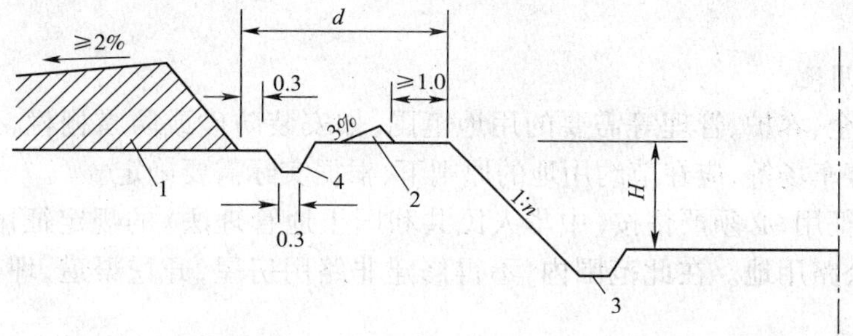

图 5-20　弃土堆横断面图

1-弃土堆;2-三角平台;3-边沟;4-截水沟;d-弃土堆内侧坡脚;H-路堑高度

碎落台通常设置在路堑边坡坡脚与边沟外侧边缘之间,有时也设在边坡中部,如图 5-21 所示,其作用是防止零星土石碎落物落入边沟,碎落台宽度一般为 1.0~1.5m。兼顾护坡道作用,又适当放宽。对风化严重的岩石边坡或不良土质边坡,一般为 1.0~1.5m,其顶部宽度大于 0.5m,墙高 1~2m。

3. 堆料坪

为避免在路肩上堆放路面养护用料,在用地条件许可时,可在路肩外缘或边沟外缘设置堆料坪,一般每隔 50~100m 设置一个,其长度为 5~8m,宽度为 2m 左右,如图 5-22 所示。

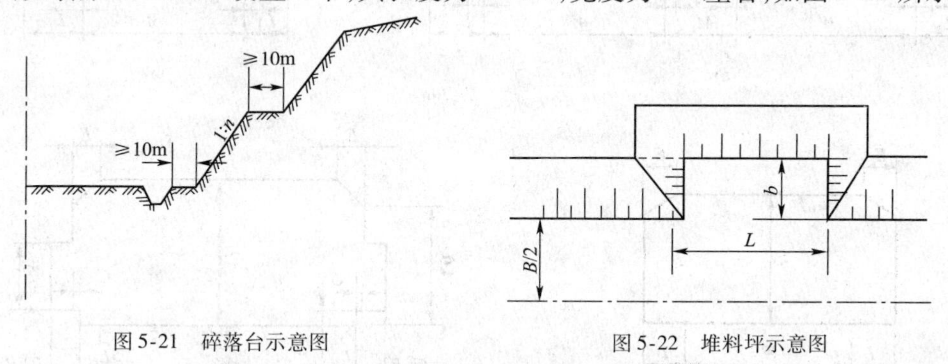

图 5-21　碎落台示意图

图 5-22　堆料坪示意图

任务五　公路建筑限界与公路用地

一、公路用地

公路用地是为修建、养护公路及其设置沿线设施,依照国家规定所征用的地幅。

1. 公路直接用地

公路直接用地是公路通过的地域,其范围依据公路的等级和断面特征的不同而有所区别。

(1)路堤:公路用地为两侧排水沟外边缘(无排水沟时为路堤或护道坡脚)外不小于 1m 的范围。

(2)路堑:公路用地为边坡坡顶截水沟外边缘(无截水沟时为坡顶)以外不小于 1m 的范围。

(3)公路用地范围的变化范围：对于高速公路和一级公路，在有条件的情况下，上述“1m范围”改为“不小于3m”；二级公路则改为“不小于2m”。对高填深挖的路段，为保证路基的稳定，应通过计算确定用地的范围，沿公路需种植多行林带的路段用地范围，可根据实际情况确定。

2. 公路辅助用地

为了公路安全、养护、管理等需要的用地范围，如安装防砂或防雪栅栏，公路沿线路用房屋、料场、苗圃、停车场等，应在节约用地的原则下，根据实际需要确定。

公路用地的征用，必须严格按《中华人民共和国土地管理法》的规定征用，并办理相应手续，才能确认为公路用地。在此范围内，不得修建非路用房屋，开挖渠道，埋没管道、电缆、电杆等。

二、公路建筑界限

为保证车辆、行人的通行安全，在公路上一定宽度和一定高度范围内不允许有任何障碍物，这个空间界限称为公路建筑界限，如图5-23所示。

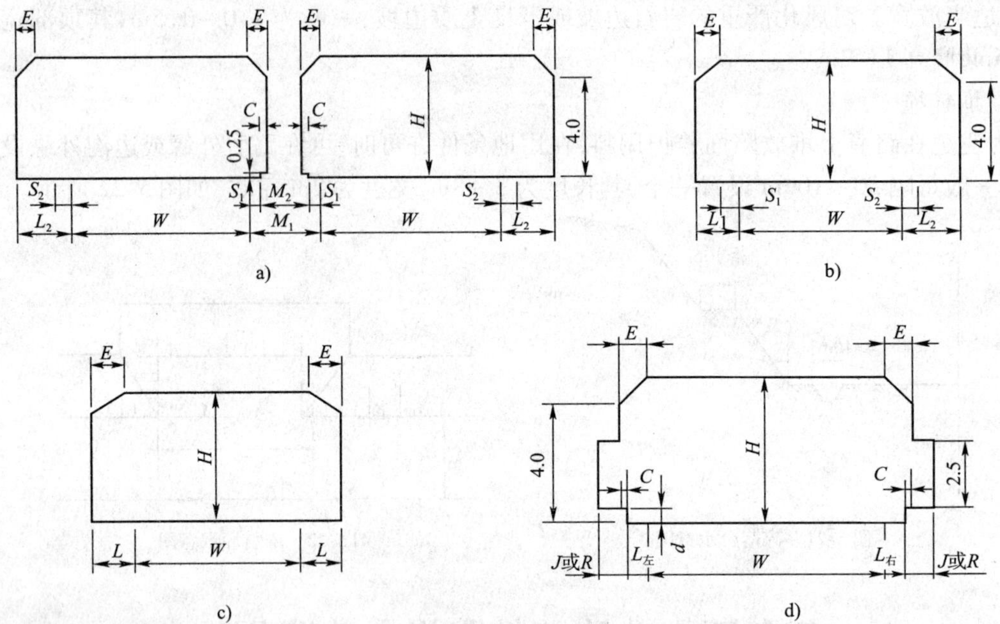

图5-23 公路建筑界限

a)高速公路、一级公路(整体式)；b)高速公路、一级公路(分离式)；c)二、三、四级公路；d)公路隧道

W-行车道宽度；L_1-左侧硬路肩宽度；L_2-右侧硬路肩宽度；S_1-左侧路缘带宽度；S_2-右侧路缘带宽度；L-侧向宽度：高速公路、一级公路的侧向宽度为硬路肩宽度(L_1或L_2)；二、三、四级公路的侧向宽度为路肩宽度减去0.25m；隧道内侧向宽度($L_{左}$或$L_{右}$)应符合有关规定；C-当设计速度大于100km/h时为0.5m，等于或小于100km/h时为0.25m；M_1-中间带宽度；M_2-中央分隔带宽度；J-隧道内检修道宽度；R-隧道内人行道宽度；d-隧道内检修道或人行道高度；E-建筑限界顶角宽度：当$L \leq 1$m时，$E=L$；当$L>1$m时，$E=1$m；H-净空高度

公路建筑限界是一个空间概念，不同等级的公路其公路建筑限界的大小不同，例如，四车道的公路比两车道的公路建筑限界大，但它们应能满足正常车辆运输的需求，在这个空间范围内不允许设置公路标志牌、护栏、照明等各种设施，甚至粗细树枝及矮林也不得伸入限界内，以确保行车空间的畅通。

任务六　公路横断面设计

一、横断面设计的基本知识

横断面的设计，应使公路横断面的布置和几何尺寸满足交通环境、用地经济、城市面貌等要求。路基是支撑路面的结构物，既要承受路面传来的行车荷载，又要承受自然因素的影响。因此路基横断面设计应满足如下基本要求：

(1)足够的强度和稳定性。在荷载、自然因素的共同作用下，不倾覆、滑动、沉陷、坍方。

(2)良好的经济性。选择适当的路基横断面形式和边坡坡度，工程量小，节约资金。

(3)规范性。路基横断面形式和尺寸应满足道路等级、设计标准、设计任务书的规定以及公路的使用要求。

(4)兼顾性：要兼顾农田基本建设的需要，兼顾环境保护的需要。

二、公路横断面设计方法与步骤

公路横断面设计的任务就是在充分考虑地形、地质、土壤、环境、气候材料、经济等自然条件和社会条件的基础上，合理进行横断面布置和几何尺寸的确定，设计出满足强度和稳定性的路基横断面。

公路的横断面设计俗称“戴帽子”，是设计横断面的常用方法，其过程就是绘制横断面图的过程。公路路基横断面有三种基本形式(路堤、路堑、半填半挖)，一旦地面线、路线设计高程和路基宽度、边坡等确定后，则只有一种基本横断面形式能够采用。“戴”就是要判定哪种“帽子”能戴在相应桩号的地面线上，在此基础上进一步确定哪种“规格”(各种典型断面)的帽子满足横断面设计的要求，然后把它绘在横断面图上，从而完成“戴帽子”的工作，如图 5-24 所示。

横断面设计在平面设计、纵断面设计完成后进行，其方法与步骤如下：

(1)逐桩绘制横断面地面线(一般在现场与外业同时进行)，各桩号在图纸上从左到右，从下到上的顺序排列，比例一般为 1∶200。

(2)逐桩标注相应中校的填(T)或挖(W)高度、路基宽度、超高(h_c)和加宽(B_j)的数值。

(3)根据地质调查资料，标出各断面、土石分界线，确定边坡坡度和边沟形状、尺寸。

(4)用三角板(也可用“帽子板”)逐桩绘出路基横断面设计线，通常用左右路肩边缘的连线代替路面的路拱横坡线，然后再按边坡坡度绘出边坡线，与地面线相交得坡脚点(路堤)或坡顶点(路堑)。

(5)有超高时，应按旋转方式绘出有超高横坡度的路肩边缘连线；有加宽时，按加宽后的路基宽度绘出左右路肩边缘的连线；两者都存在时，按上述方法同时考虑超高、加宽绘出横断面设计线。

(6)根据需要绘制护坡道、边沟、取土坑、截水沟、挡土墙等横断面设计内容。

(7)分别计算各桩号断面的填方面积(A_t)和挖方面积(A_w)并标注于图上。

在以上横断面设计时，尽管在横断面图上按比例绘出了边沟、截水沟、护脚、挡土墙等设施，但一般不标注详细尺寸，仅注明其起讫桩号。对于特殊路基还应单独设计，绘制特殊路基设计图。

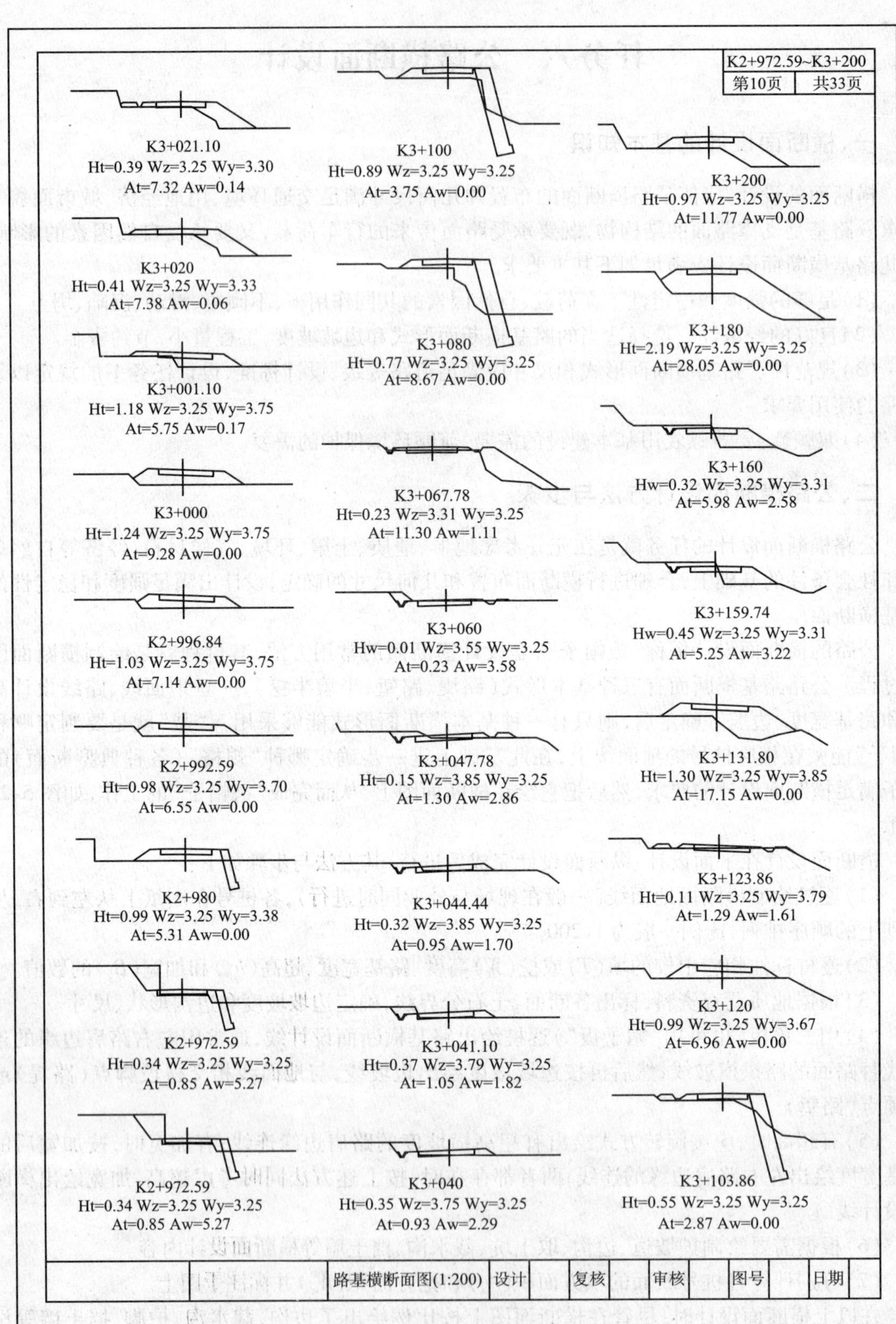

图 5-24　公路路基横断面设计图

任务七　路基土石方数量计算与调配

路基土石方工程是公路工程的主体工程之一，在公路工程量中占有很大比重。在公路设计和路线方案比较中，路基土石方数量的多少是评价公路测设质量的主要技术经济指标之一。

土石方计算与调配的主要任务是计算路基土石方工程数量，合理进行土石方调配，并计算土石方的运量。为编制工程预（概）算、确定合理的施工方案以及施工计量支付提供依据。

由于自然地面起伏多变，填挖体积不可能是一个简单的几何体，若依实际地面起伏变化情况来进行土石方数量的计算不仅繁杂，而且实用意义不大。因此，在公路的测设过程中，土石方的计算通常采用近似方法，计算精度按工程的要求而定。一般情况下，横断面的面积以 m^2 为单位，取小数后一位，土石方的体积以 m^3 为单位，取至整数。

一、土石方数量的计算

1. 土石方数量的计算

路基土石方计算工作量较大，加之路基填挖变化的不规则性，要精确计算土石方体积十分困难。在工程上通常采用近似方法计算。

即假定相邻断面间为一棱柱体，如图 5-25 所示，按平均断面法计算，则其体积为：

$$V=(A_1+A_2)\frac{L}{2} \tag{5-1}$$

式中：V——体积，即土石方数量（m^3）；

A_1、A_2——分别为相邻两断面的面积（m^2）；

L——相邻断面之间的距离（m）。

平均断面法计算简便、实用，是公路上常采用的方法。但其精度较差，只有当 A_1、A_2 相差不大时才较准确。当 A_1、A_2 相差较大时，则按棱台体公式计算：

$$V=\frac{1}{3}(A_1+A_2)L\left(1+\frac{\sqrt{m}}{1+m}\right) \tag{5-2}$$

式中：$m=A_1/A_2$，其中 $A_1<A_2$。

其中，第二种方法精度较高，应尽量采用，特别适用计算机计算。

路基土石方数量计算时，应注意以下几点：

①计算路基土石方数量时，应扣除大、中桥及隧道所占路线长度的体积；桥头引道的土石方，可视需要全部或部分列入桥梁工程项目中，但应注意不要遗漏或重复；小桥涵所占的体积一般可不扣除。

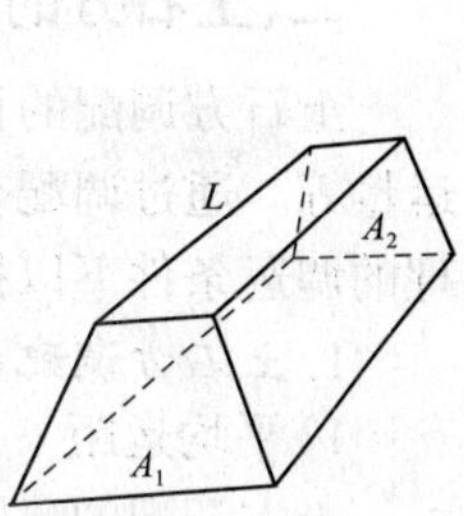

②路基填、挖方数量中应考虑路面所占的体积（填方扣除、挖方增加）。

③路基工程中的挖方按天然密实方体积计算，填方按压实后的体积计算，各级公路在土石方调配时注意换算。

图 5-25　平均断面法

2. 横断面面积计算

路基填挖断面面积：是指断面图中原地面线与路基设计线所包围的面积。高于地面线者为填，低于地面线者为挖。计算方法有积距法、坐标法、几何图形法、数方格法、求积仪法等，通常采用积距法和坐标法。

1）积距法

如图 5-26 所示，将断面按单位横宽划分为若干个梯形和三角形，每个小条块的面积近似按每个小条块中心高度与单位宽度的乘积：$A_i = bh_i$，则断面面积为：

$$A = bh_1 + bh_2 + bh_3 + \cdots + bh_n = b\sum h_i \tag{5-3}$$

b 通常取 1 ~ 2m，当 b = 1m 时，则 A 在数值上就等于各小条块平均高度之和 $\sum h_i$。

2）坐标法

如图 5-27 建立坐标系，给定多边形各顶点的坐标，由解析几何可得多边形面积的计算公式为：

$$A = [\sum(x_i y_{i+1} - y_{i+1} y_i)] \div 2 \tag{5-4}$$

坐标法的计算精度较高，适宜用计算机计算。

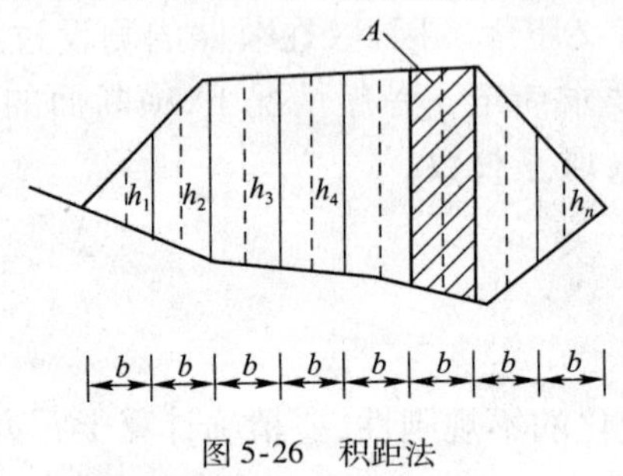

图 5-26　积距法

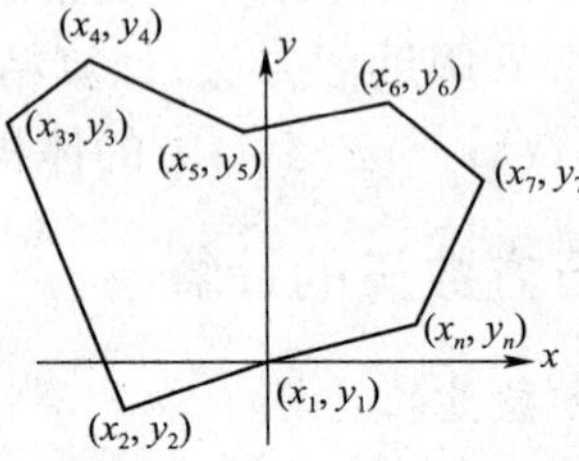

图 5-27　坐标法

3）几何图形法

当横断面的地面线较规则且横断面面积较大，可将路基横断面分为几个规则的几何图形，分别计算各图形面积后相加得到总面积。

4）混合法

在一个较大的横断面中，几何图形法和积距法共用，以加快计算速度。

在横断面面积计算中应注意以下几个问题：

①填方和挖方的面积应分别计算。

②填方或挖方中的土石也应分别计算，因为其工程造价不同。

③有些情况下横断面上的某一部分面积可能既是挖方面积，又要算做填方面积，例如，遇既要挖除又要回填其他材料。

二、土石方的调配

土石方调配的目的是为确定填方用土的来源、挖方弃土的去向以及计价土石方的数量和运量等。通过调配合理地解决各路段土石方平衡与利用问题，从路堑挖出的土石方，在经济合理的调运条件下以挖作填，尽量减少路外借土和弃土，少占用耕地以求降低公路造价。

1. 土石方调配计算的几个概念

1）平均运距

土方调配的运距是挖方体积的重心到填方体积的重心之间的距离，即挖方断面间距中心至填方断面间距中心的距离，称为平均距离。判断调土是免费运距还是经济运距，只需和平均运距比较即可。在纵向调运中，当其平均运距超过免费运距时，应按其超运运距计算土石方运量。

2）免费运距

土、石方作业包括挖、装、运、卸等工序，在某一特定距离内，只按土、石方数量计价而不计运费，这一特定的距离称为免费运距。

施工方法的不同，其免费运距也不同，如人工运输的免费运距为 20m，铲运机运输的免费运距为 100m。

3）经济运距

填方用土来源,一是路上纵向调运,二是就近路外借土。一般情况用路堑挖方调去填筑距离较近的路堤还是比较经济的。但如调运的距离过长,以至运价超过了在填方附近借土所需的费用时,移挖作填就不如在路堤附近就地借土经济。因此,采用“借”还是“调”,有个限度距离问题,这个限度距离即所谓“经济运距”,其值按下式计算:

经济运距:
$$L_{经} = \frac{B}{T} + L_{免} \tag{5-5}$$

式中:B——借土单价(元/m^3);

T——远运运费单价(元/m^3·km);

$L_{免}$——免费运距(km)。

经济运距是确定借土或调运的界限,当调运距离小于经济运距时,采取纵向调运是经济的,反之,则可考虑就近借土。

4)运量

土石方运量为平均超运运距单位与土石方调配数量的乘积。

在生产中,平均每增运距 10m 划为一个运输单位,称之为一“级”,计为①;若超远运距为 20m 时为二级,在路基土石方数量计算表中记作②:

$$总运量 = 调配(土石方)数量 \times n$$
$$n = (L - L_{免})/A \tag{5-6}$$

式中:n——平均超远运距单位(四舍五入取整数);

L——土石方调配平均运距(m);

$L_{免}$——免费运距(m);

A——超远运距单位(m),例如人工运输 $A = 10$m,铲运机运输 $A = 50$m。

5）计价土石方数量

在土石方计算与调配中,所有挖方均应予计价,但填方则应按土的来源决定是否计价,如是路外就近借土就应计价,如是移“挖”作“填”的纵向调配利用方,则不应再计价,否则形成双重计价。计价土石方数量为:

$$V_{计} = V_{挖} + V_{借} \tag{5-7}$$

式中:$V_{计}$——计价土石方数量(m^3);

$V_{挖}$——挖方数量(m^3);

$V_{借}$——借方数量(m^3)。

2.调配要求

(1)先横向后纵向,填方首先考虑本桩利用,以减少借方和调运方数量。

(2)纵向调运的最远距离一般小于经济运距,综合考虑不同的施工方法、运输条件、地形情况等因素,确定合理的经济用距,用以分析工程用土是调运还是外借。

(3)土石方调配应考虑桥涵位置对施工运输的影响,一般大沟不作跨越运输,同时应注意施工的可能与方便,尽可能避免和减少上坡运土。

(4)借方、弃土方应与借土还田、整地建田相结合。尽量少占田地,减少对农业的影响;对于取土和少做上坡调运。

(5)土和石应分别调配。不同性质的土石应分别调配,以便分层填筑,分别计价。

(6)位于山坡上的回头曲线路段,要优先考虑上下线的土方竖向调运。

(7)土方调配对于借土和弃土事先同地方商量,妥善处理。借土应结合地形、农田规划等选择借土地点,并综合考虑借土还田,整地造田等措施。弃土应不占或少占耕地,在可能条件下宜将弃土平整为可耕地,防止乱弃乱堆,或堵塞河流,损害农田。

3.调配方法

路基土石方调配方法有许多种,如有累积曲线法、调配图法及土石方计算表格调配法等。一般采用土石方计算表调配法,直接在土石方表上进行调配。表格调配法不需单独绘图,直接在土石方表上调配,具有方法简便、调配清晰、精度符合要求的优点。

表格调配法又有逐桩调运和分段调运两种方式。高等级公路采用逐桩调运法,低等级公路多采用分段调运法。

表格调配法的具体调配步骤是:

①调配前,一是先要对土石方计算进行复核,确认无误后方可进行;二是将可能影响运输调配的桥涵位置、陡坡大沟等注明在表旁,供调配时参考。

②计算并填写表中"本桩利用"、"填缺"、"挖余"各栏。然后按填挖方分别进行闭合核算:填方 = 本桩利用 + 填缺;挖方 = 本桩利用 + 挖余。

③在作纵向调配前,根据"填缺"、"挖余"的分布情况,选择适当施工方法及可采用的运输方式定出合理的经济运距,供土方调配时参考。

④根据填缺、挖余分布情况,结合路线纵坡和自然条件,将相邻路段的挖余就近纵向调配到填缺内加以利用,并把具体调运方向和数量用箭头表明在纵向调配栏中。

⑤经过纵向调配,如果仍有填缺或挖余,则将借土或弃土的数量和运距分别填注到借方或废方栏内。

⑥调配完成后,应分页进行闭合核算:

$$\begin{aligned}\text{填缺} &= \text{远运利用(纵向调运方)} + \text{借方}\\ \text{挖余} &= \text{远运利用(纵向调运方)} + \text{废方}\end{aligned} \tag{5-8}$$

⑦本公里调配完毕,应进行本公里合计,总闭合核算:

$$\text{(跨公里调入方)} + \text{挖方} + \text{借方} = \text{(跨公里调出方)} + \text{填方} + \text{废方} \tag{5-9}$$

⑧土石方调配一般在本公里内进行,必要时也可跨公里调配,但需将调配的方向及数量分别注明,以免混淆。

⑨每公里土石方数量计算与调配完成后,须汇总列入路基每公里土石方数量表,并进行全线总计与核算。至此完成全部土石方计算与调配工作。

三、路基横断面设计成果的整理

路基土石方是公路工程的一项主要工程量,所以在公路设计和路线方案比较中,路基土石方数量的多少是评价公路测设质量的主要技术经济指标之一,也是编制公路施工组织计划和工程概预算的主要依据。因此,在填表和计算中要注意每一栏的相互关系,做到填表、计算、复核三个环节统一,以保证数据的准确性。

1.路基土石方数量计算表的具体填写步骤

(1)将路基横断面图中,逐桩桩号从图纸上从左到右、从下到上的顺序依次,抄写到表中第1列。

(2)将路基横断面图中,逐桩桩号处所标注的填方面积和挖方面积,逐一抄录到相应桩号的表中第2、3列。

(3)计算相邻两个断面之间的距离,见表中第4列。

(4)分别计算相邻两个断面之间的挖方总数量和填方总数量,见表中第5、18列;按照土、石比例,将计算出土方数量和石方数量。

2.路基土石方数量计算表的调配方法

路基土石方调配方法有许多种,如有累积曲线法、调配图法及土石方计算表格调配法等。一般采用土石方计算表调配法,直接在土石方表上进行调配。表格调配法不需单独绘图,直接在土石方表上调配,具有方法简便、调配清晰、精度符合要求的优点。

表格调配法又可有逐桩调运和分段调运两种方式。高等级公路采用逐桩调运法,低等级公路多采用分段调运法。表格调配法的具体调配步骤是:

(1)调配前,一是先要对土石方计算进行复核,确认无误后方可进行;二是将可能影响运输调配的桥涵位置、陡坡大沟等注明在表旁,供调配时参考。

(2)计算并填写表中"本桩利用"、"填缺"、"挖余"各栏。然后按填挖方分别进行闭合核算:填方 = 本桩利用 + 填缺;挖方 = 本桩利用 + 挖余。

(3)在作纵向调配前,根据"填缺"、"挖余"的分布情况,选择适当施工方法及可采用的运输方式定出合理的经济运距,供土方调配时参考。

(4)根据填缺、挖余分布情况,结合路线纵坡和自然条件,将相邻路段的挖余就近纵向调配到填缺内加以利用,并把具体调运方向和数量用箭头表明在纵向调配栏中。

(5)经过纵向调配,如果仍有填缺或挖余,则将借土或弃土的数量和运距分别填注到借方或废方栏内。

(6)调配完成后,应分页进行闭合核算:

填缺 = 远运利用(纵向调运方) + 借方

挖余 = 远运利用(纵向调运方) + 废方

(7)本公里调配完毕,应进行本公里合计,总闭合核算:

(跨公里调入方) + 挖方 + 借方 =(跨公里调出方) + 填方 + 废方

(8)土石方调配一般在本公里内进行,必要时也可跨公里调配,但需将调配的方向及数量分别注明,以免混淆。

(9)每公里土石方数量计算与调配完成后,须汇总列入路基每公里土石方数量表,并进行全线总计与核算。至此完成全部土石方计算与调配工作。

任务八　横断面设计成果

横断面设计成果主要是路基土石方数量计算表和横断面图。

一、横断面图

比例尺一般用1:200,每页图纸的右上角应标明横断面图的总页数和本页图纸的编码数,在横断面图上要标注桩号、填(挖)高度、填(挖)面积、边坡坡度,在有超高、加宽的断面还要标明其相应数值。如图5-28所示。

二、路基土石方数量计算表

路基土石方数量计算和调配是计算工程数量的主要环节,它直接影响工程数量正确与否,因此,在填表和计算中要注意每一栏的相互关系,做到填表、计算、复核三个环节统一,以保证数据的准确性。见表5-7、表5-8。

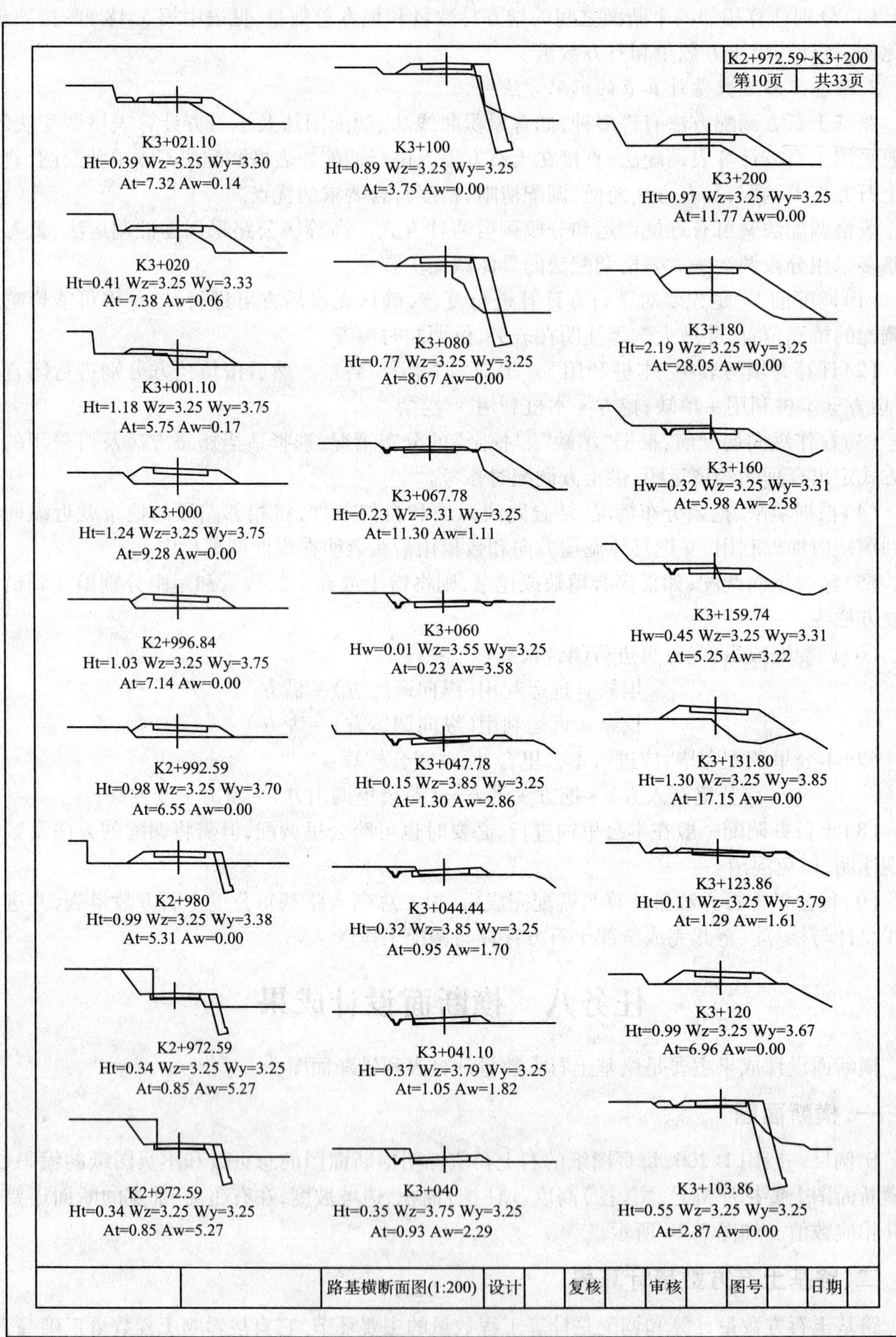

K2+972.59~K3+200
第10页
共33页
K3+021.10
Ht=0.39 Wz=3.25 Wy=3.30
At=7.32 Aw=0.14
K3+020
Ht=0.41 Wz=3.25 Wy=3.33
At=7.38 Aw=0.06
K3+001.10
Ht=1.18 Wz=3.25 Wy=3.75
At=5.75 Aw=0.17
K3+000
Ht=1.24 Wz=3.25 Wy=3.75
At=9.28 Aw=0.00
K2+996.84
Ht=1.03 Wz=3.25 Wy=3.75
At=7.14 Aw=0.00
K2+992.59
Ht=0.98 Wz=3.25 Wy=3.70
At=6.55 Aw=0.00
K2+980
Ht=0.99 Wz=3.25 Wy=3.38
At=5.31 Aw=0.00
K2+972.59
Ht=0.34 Wz=3.25 Wy=3.25
At=0.85 Aw=5.27
K2+972.59
Ht=0.34 Wz=3.25 Wy=3.25
At=0.85 Aw=5.27
K3+100
Ht=0.89 Wz=3.25 Wy=3.25
At=3.75 Aw=0.00
K3+080
Ht=0.77 Wz=3.25 Wy=3.25
At=8.67 Aw=0.00
K3+067.78
Ht=0.23 Wz=3.31 Wy=3.25
At=11.30 Aw=1.11
K3+060
Hw=0.01 Wz=3.55 Wy=3.25
At=0.23 Aw=3.58
K3+047.78
Ht=0.15 Wz=3.85 Wy=3.25
At=1.30 Aw=2.86
K3+044.44
Ht=0.32 Wz=3.85 Wy=3.25
At=0.95 Aw=1.70
K3+041.10
Ht=0.37 Wz=3.79 Wy=3.25
At=1.05 Aw=1.82
K3+040
Ht=0.35 Wz=3.75 Wy=3.25
At=0.93 Aw=2.29
K3+200
Ht=0.97 Wz=3.25 Wy=3.25
At=11.77 Aw=0.00
K3+180
Ht=2.19 Wz=3.25 Wy=3.25
At=28.05 Aw=0.00
K3+160
Hw=0.32 Wz=3.25 Wy=3.31
At=5.98 Aw=2.58
K3+159.74
Hw=0.45 Wz=3.25 Wy=3.31
At=5.25 Aw=3.22
K3+131.80
Ht=1.30 Wz=3.25 Wy=3.85
At=17.15 Aw=0.00
K3+123.86
Ht=0.11 Wz=3.25 Wy=3.79
At=1.29 Aw=1.61
K3+120
Ht=0.99 Wz=3.25 Wy=3.67
At=6.96 Aw=0.00
K3+103.86
Ht=0.55 Wz=3.25 Wy=3.25
At=2.87 Aw=0.00
路基横断面图(1:200)
设计
复核
审核
图号
日期

图 5-28　横断面图

路基土石方数量计算表

表5-7

桩号	横断面面积(m²)		距离(m)	挖方分类及数量(m³)													填方数量(m²)			利用方数量及调配(m³)							备注
				总数量	土						石									本桩利用		填缺		挖余		远运利用及纵向调配示意	
					Ⅰ		Ⅱ		Ⅲ		Ⅳ		Ⅴ		Ⅵ												
	挖方	填方			%	数量	%	数量	%	数量	%	数量	%	数量	%	数量	总数量	土	石	土	石	土	石	土	石		
1	2	3	4	5	6	7	8	9	10	11	12	13	14	15	16	17	18	19	20	21	22	23	24	25	26	27	28
K44+140	0.60	1.00																									
K44+160	0.00	3.39	20	6			100	6									44	44		6		38					
K44+168.827	0.00	3.71	8				100										28	28				28					
K44+180	0.00	2.77	12				100										39	39				39					
K44+200	0.12	1.92	20	1			100	1									47	47		1		46					
K44+220	2.81	0.18	20	29			100	29									21	21		21				8			
K44+223.826	3.04	0.15	4	11			100	11									1	1		1				11		土112.7(58m)	
K44+240	3.52	0.03	16	53			100	53									1	1		1				52			
K44+260	0.95	0.22	20	45			100	45									2	2		2				42			
K44+279.824	0.06	0.78	20	10			100	10									10	10		10				0			
K44+280	0.06	0.80	0	0			100	0									0	0		0		0					
K44+300	0.00	2.59	20	1			100	1									34	34		1		33					
K44+314.829	0.11	1.86	15	1			100	1									33	33		1		32					
K44+320	0.27	1.40	5	1			100	1									8	8		1		7					
K44+340	0.00	9.96	20	3			100	3									114	114		3		111				土562.6 (10099m)	
K44+349.833	0.00	10.45	10				100										100	100				100					
K44+360	0.00	9.29	10				100										100	100				100				借方(从取土坑K34+267)	
K44+369.833	0.00	9.04	10				100										90	90				90					
K44+377.173	0.00	8.31	7				100										64	64				64					
K44+380	0.00	7.69	3				100										23	23				23					
K44+384.513	0.00	6.76	5				100										33	33				33					
K44+400	0.18	1.03	15	1			100	1									60	60		1		59					
K44+404.513	0.51	0.26	5	2			100	2									3	3		2		1					
K44+420	2.90	0.30	15	26			100	26									4	4		4				22			
K44+424.513	1.27	0.57	5	9			100	9									2	2		2				7		土91.4(55m)	
K44+430.049	0.69	1.00	6	5			100	5									4	4		4				1			
K44+435.584	1.42	0.69	6	5			100	6									5	5		5				1			
小计				210				210									871	871		66		805		144			
累计				38190				31732						3907		2551	93306	93306		11741		81566		19992	6458		

路基每公里土石方数量表

表 5-8

第×页　共×页

起讫桩号	长度	挖方(m^3)							填方(m^3)		本桩利用		远运利用				借方				废方		备注
		总体积	土方（自然方）			石　方			土方(压实方)	石方	土方（自然方）	石方	土方（自然方）	石方	平均运距（km）		土方（自然方）	平均运距	石方	平均运距	土方	平均运距（km）	
	(m)		松土	普通土	硬土	软石	次坚石	坚石	(m^3)	(m^3)	(m^3)	(m^3)	(m^3)	(m^3)	土方	石方	(m^3)	(km)	(m^3)	(km)	(m^3)	土方	
K1 + 242.34 ~ K2 + 000	758	2443		2443					3116		1021		1516		0.25		578	0.43					
K2 + 000 ~ K3 + 000	1000	916		916					6325		662		198		0.06		5466	0.91					
K3 + 000 ~ K4 + 000	1000	1050		1050					5064		589		423		0.17		4051	0.42					
K4 + 000 ~ K5 + 000	1000	428		428					3985		389		39		0.03		3558	0.44					
K5 + 000 ~ K6 + 000	1000	323		323					19595		150		172		0.06		19272	0.32					
K6 + 000 ~ K7 + 580	1580	2347		2347					7454		2344		3		0.01		5108	0.45					
K7 + 580 ~ K8 + 000	420	1855		1855					2018		1138		880		0.16								
K8 + 000 ~ K9 + 000	1000	3147		3147					3361		1431		1789		0.23		141	0.57					
K9 + 000 ~ K9 + 600	600	827		827					2489		509		83		0.04		1897	1.37					
小计		13336		13336					53407		8233		5103		0.10		40071	0.54					

编制：　　　　　　　　　　　　　　　　　　复核：

参 考 文 献

[1] 中华人民共和国行业标准. JTG B01—2003 公路工程技术标准[S]. 北京:人民交通出版社,2004.

[2] 中华人民共和国行业标准. JTG D20—2006 公路路线设计规范[S]. 北京:人民交通出版社,2007.

[3] 中华人民共和国行业标准. JTG C10—2007 公路勘测规范[S]. 北京:人民交通出版社,2007.

[4] 钱晓鸥. 道路勘测设计技术[M]. 北京:科学出版社,2012.

[5] 唐杰军. 工程测量技术[M]. 北京:人民交通出版社,2010.

[6] 郭国英. 道路勘测实务[M]. 北京:机械工业出版社,2011.

[7] 田文. 工程测量技术[M]. 北京:人民交通出版社,2011.